装修100问

鹏哥◎著

江苏凤凰文艺出版社
JIANGSU PHOENIX LITERATURE AND
ART PUBLISHING

图书在版编目（CIP）数据

装修 100 问 / 鹏哥著 . --南京：江苏凤凰文艺出版社，2024.5

ISBN 978-7-5594-8651-6

Ⅰ. ①装… Ⅱ. ①鹏… Ⅲ. ①室内装修－建筑施工 Ⅳ. ① TU767

中国国家版本馆 CIP 数据核字（2024）第 088777 号

装修 100 问

鹏哥 著

责任编辑 王昕宁
策划编辑 冉志祥 赵英炜
特约编辑 连 慧
装帧设计 天下书装
责任印制 杨 丹
出版发行 江苏凤凰文艺出版社
南京市中央路 165号，邮编：210009
网 址 http://www.jswenyi.com
印 刷 三河市春园印刷有限公司
开 本 880毫米×1230毫米 1/32
印 张 5
字 数 125千字
版 次 2024年 5月第 1版
印 次 2024年 5月第 1次印刷
书 号 ISBN 978-7-5594-8651-6
定 价 69.00元

前 言

自从我们做自媒体以来，深度服务了五百多位装修新手。为了帮助更多的人做好装修，少踩坑、少走弯路、省下钱，鹏哥团队通过对从零开始做装修到装修完入住全过程中遇到的问题，以及鹏哥全网三十多万粉丝和鹏哥直播间粉丝的日常提问进行汇总，耗时数月整理出这本《装修 100 问》，涵盖了设计、施工、辅材、主材、家电、软装、验收等方面的内容。

鹏哥，明心筑家创始人，深耕装修行业十三年，曾任职上市公司工程中心总经理，装修经验和实操经验极为丰富。2022 年 10 月开始入局自媒体，短短一年时间，抖音、小红书、视频号平台粉丝超三十万，深受广大粉丝喜欢和爱戴。

为了帮助更多的朋友装修避坑，能够更深层次地解决大家在装修上遇到的问题，我们除了在短视频和直播间做分享，还设置了一些付费服务。目前开放的服务业务有：成都本地装修施工，全国装修设计，全国装修线上陪跑，合同审核，清单审核，材料团购，装修行业自媒体账号孵化等。

最后，预祝大家都能顺利装修出自己的“梦中情房”。

目 录

第一章 装修设计篇

第二章 装修准备篇

第三章 装修疑问篇

第四章 施工验收篇

第五章 辅料采购篇

第六章　主材采购篇

第七章　大家电选购篇

第八章　软装选购篇

第一章

装修设计篇

第1问 装修要不要找设计师?

有人对这个问题犹豫不决，在很大程度上是因为以下两个方面：

一方面取决于你对房子的真实需求，如果你对设计的要求高、对装修完的期待值高、你想要更好的颜值和入住体验，那么建议你找设计师；如果你对房子的期待值和设计的要求没那么高，想简单装修一下能达到基本的入住条件就行了，那么你就不需要找设计师。

另一方面取决于你对设计的真实认知，有人觉得给了设计师大几千、上万甚至好几万，设计师在电脑上动动手指画几张图就结束了，这个钱花得太不值了。其实，做设计可不是动动手指那么简单，设计要考虑实用、美观、空间、装修成本、施工难度，要考虑主材、辅材、设备、电器、通风、采光、软装等等，这些都是要耗费大量的脑力、时间和精力的。设计师对装修的影响非常大，在房子装得好不好看、实不实用、预算能不能帮你把控等方面都起着重要的作用。

其实，只需要动动手指的人不是设计师，那是画图员，只是把你的想法或者设计师的想法画出来而已。有人之所以有这样的认知误差，是因为除了部分人的认知问题外，还存在部分设计师招摇撞骗、没有真本事、心太黑等情况，在社会上造成了很多不良的影响。

小结

要求高、期待高，建议找设计师；没什么要求、想省钱就不找设计师。

第2问 找独立设计师还是装修公司设计?

很多装修新手都在纠结这个问题，原因无非有以下三个方面：

首先，装修公司的设计师水平到底行不行。这要分两种情况来说：一种是套餐型的装修公司，这种公司的设计师普遍对设计的造诣不是很高，营销和签约能力要大于设计能力，所以这类公司的设计师不太适合做要求高的装修设计；另一种是定制化的装修公司，这类装修公司的设计师水平相对而言要高于普通套餐公司，如果装修设计要求高是可以用的。

其次，找了独立设计师或者独立工作室，施工跟设计分开了，装修到底能不能做好？好不好对接和沟通？其实这种担心完全是多余的。首先，告诉你一个真相，现在那些高端的装修很少有设计施工一体的，都是设计和施工独立进行的，那些高端的、复杂的装修都不怕，你还在担心什么呢？其次，你觉得找一家公司就会好沟通了吗？也不见得，很多公司开工后就没设计师什么事了，设计师忙着继续接单，根本不会去关注你家的装修情况。

再次，独立设计师的水平是不是真的比装修公司的水平高？从行业的平均水平来看，独立设计师、专业设计工作室、设计公司的水平一般要高于装修公司的设计水平。

小结

对于设计要求高的推荐找独立设计师，要求不高的找装修公司；装修公司免费的找装修公司，装修公司收费的找独立设计师。

第3问 设计费一般多少钱?

设计费的高低取决于各个地方的物价水平、市场行情、专业水平、服务内容、出图软件等多个方面。

市场行情：一线城市价格基本在 150 元 / m²以上，二线城市价格基本在 80 元 / m²以上，三、四线城市价格基本在 50 元 / m²以上。

服务内容：一种是普通设计，这种价格比较低，服务内容比较少，基本上只服务平面图、施工图、效果图和陪选材料。另一种是全案设计，这种服务内容更多，费用也较高，你可以简单理解为保证落地的设计，它除了平面图、效果图、施工图，还包括材料清单、材料选型小样、工程量清单等内容。

出图软件：施工图方面都是用的 CAD，主要区别在于效果图上面，一种是酷家乐，这种效果没那么清晰、真实程度也不够、里面的模型也不够丰富，属于比较低端的；另一种是 3Dmax，这种更清晰、更真实、模型更多，好一点的都用这个软件。3D 还要分两种情况，一种是 360°动态全景图片，另一种是单张静态图片。

设计水平：一般水平（50 元 / m² ~150 元 / m²），中等水平（150 元 / m² ~300 元 / m²），高等水平（300 元 / m² ~1000 元 / m²）。

小结

普通装修选择一般水平的设计师，改善装修选择中等水平的设计师，豪华装修选择高等水平的设计师。

第4问 如何挑选合适的设计师?

在装修房子时，如何挑选合适的设计师是一个大难题，很多人都是凭感觉，或是单纯地听别人介绍，但是别人觉得好的不一定适合你，所以还要通过以下几方面进行综合考虑：

1. 设计师的工作经验和业绩

在选定专业人士时，应该了解他过去的工作经验、成功案例，以及客户反馈等，重点注意设计师是否擅长你想要的风格。

2. 设计师的专业背景和资质

选择具有相关设计专业、具备相关资质证书的设计师，这样可以确保他们具有相关的设计知识和技能。

3. 设计师的工作态度

询问设计师的设计流程、设计理念，以及他们与客户沟通的方式。一个有良好工作态度的设计师，可以确保客户的需求被完全理解并最终得到满足。

4. 设计师的定价标准

根据工作经验、资历和行业平均价格，合理判断设计师的报价是否适当。

5. 设计师的口碑和用户评价

查询网络上的设计师评价，接触真实服务过的客户进行相关了解，以获得关于他的真实反馈，以便参考是否选择该设计师。

6. 设计师的沟通能力

设计师是否懂你，能不能挖掘出你的真实需求，这很重要。

小结

根据上面的条件进行综合评估，看设计师是否符合自己的要求和需求，以做出最好的决策。

第5问 签设计合同有哪些注意事项?

1. 效果图的呈现形式

效果图的呈现分两种形式：一种是 360 度全景的动态效果图，另一种是静态的单张图片效果图。两种形式的图片价格完全不同，呈现的效果也是不一样的，需要询问清楚。

2. 效果图包含哪些空间

一般的设计只包含客厅、餐厅和主卧室，尽量选择每个空间都有图的设计。

3. 设计费用是多少

设计费用是按照套内面积、外框面积还是建筑面积计算？其中的差距是很大的。

4. 付款方式是什么

设计费不建议一次性付完，很多人签合同时太相信设计师，一次性付清了设计费，而设计师却不是拖拉就是敷衍了事。

5. 设计的内容包括哪些

平面图、立面图、水电图、节点图、大样图、效果图等。全案设计一般还包括材料清单、材料小样、工程量清单等。

6. 交底和上工地检查包括哪些节点

开工交底、水电交底、木工瓦工交底，竣工验收等是比较重要的环节。

7. 修改图纸包括多少次

一般可以修改一两次。

8. 是否会给到 CAD 电子版的图纸

很多公司不愿意给 CAD，只给图片和 pdf。

小结

注意了这几点后，再签设计合同，才不会有后顾之忧。

第6问　不找设计师怎么把控效果？

有部分朋友由于预算不充足等原因不愿意找设计师，那么，在这种情况下如何才能做好设计呢？只需要注意以下三点就可以轻松搞定：

1. 先确定好户型布局

根据自己及家人的生活情况和户型的实际情况来进行调整，如果实在没办法确定，可以参考楼上楼下是如何布局的，也可以找一些装修公司进行白嫖（很多公司会免费上门量房出平面图的）。

2. 确定风格和效果

打开抖音、小红书等软件，搜索装修效果图、装修风格，挑出你最喜欢的，然后进行一比一还原，材料的颜色、花纹、搭配都进行还原，找同款和接近款。如果能够模仿 80% 就不会翻车了。

3. 画施工图

在装修房子时，一定要有施工图，不然工人施工不知道怎么做，随时打电话会把你烦死，关键是问你你也不知道。所以，一定要找一个设计师给你画一套施工图用来指导施工，一般在 5 元 ~10 元一个平方米，这样你花 1000 元就可以搞定设计了。

如果还担心做不好的话，我们的“陪跑服务”会在你选材料、软装的时候给你提供全程指导。

小 结

如果确定好户型布局和风格效果，画好施工图，不找设计师也能把控效果。

第7问 颜色如何搭配？

在直播间和短视频平台上，很多粉丝都问我如何搭配颜色，“我买了灰色地砖，墙面刷什么颜色的漆”“灰色的门合不合适”等等，在这里教大家一个万能的方法：

1. 在抖音、小红书等自媒体平台上找效果图直接模仿，别人怎么选你就怎么选。比如说你已经贴完了灰色的地砖，现在想知道木门怎么选颜色，你就搜索灰色地砖的效果图、实景图，找到一个你最喜欢的效果，然后他用的什么颜色的门你照着选就可以了。

2. 我们的“陪跑服务”有专业的设计师帮你参考。

小结

在自媒体平台上找效果图，或者找“陪跑服务”设计师来搭配房间的装修颜色。

第8问　设计师推荐的材料能不能买？

一般来说，设计师推荐的材料都会吃一些回扣，而且有些设计师心太狠，比你自己买的还贵。提醒大家，千万不要太相信设计师，更不要把设计师当朋友，否则吃亏的一定是你。之前广西柳州的一个客户被设计师带去买砖，后面发现自己换了一家去买竟然还要便宜一些。

所以，不建议跟设计师一起当场就交钱下单，你要是觉得不好意思拒绝，立刻下单，那可能就被宰了。自己一定要再去调查一下市场价格，通过比较之后确实便宜再去买。赚钱可以，实实在在得到优惠那才行啊！

小结

不要买设计师推荐的材料，货比三家后，再确定买哪家的材料。

第二章

装修准备篇

第9问 如何选择靠谱的装修公司?

装修公司千千万，靠谱的公司却不多，很多装修新手找了超过十家也不知道如何去做选择，我们可以从以下六个方面进行分析：

1. 看口碑

看一家装修公司是否有口碑，可以从多个方面进行分析比较：一是通过身边的亲戚、朋友、同事询问有没有接触过该公司；二是在网络平台上搜索，例如抖音、小红书、快手、大众点评、百度等；三是通过征信平台查询是否有诉讼，例如企查查、启信宝等。

2. 看设计师

给你服务的设计师好不好、负不负责，会影响你的装修效果、预算控制等。

3. 看项目经理、工长

你的房子装修能不能圆满地落地、质量怎么样、细节怎么样都跟工长、项目经理有直接关系，毫不夸张地说，选好了这个角色你的装修就成功了一半。

4. 看工地

装修公司做得行不行、服务好不好，看看工地就知道了，最好能要求见一下业主或者是你自己单独联系业主。物业有电话，门口的开工许可证上可能也有电话。

5. 施工合同

合同是否合理、公平，有问题能不能修改或者补充，这很关键。

6. 报价单

价格是否合适、有没有漏项、材料好不好、工艺对不对等，都很重要。

备注：看工地、合同、报价相对专业，可以联系“陪跑服务”。

小结

可以通过对口碑、设计师、施工合同等方面的考量来选择一家靠谱的装修公司。

第10问 如何找到好的工人？

1. 新楼盘装修

可以扫楼看看已经开工的工地，留下工艺做得好的工人的电话，记住，哪怕是装修公司的工人也可以找。

2. 二手房装修

可以在业主群内询问。都是装过房子的人，他们是有资源的。也可以去小区附近的新楼盘扫楼。

3. 通过材料商找资源

卖瓷砖的手里有瓦工、卖板材的手里有木工、卖水管电线的手里有水电工等。

4. 通过工人进行介绍

工人的身边一般有很多资源，电工身边会有木工、瓦工等。

小结

通过扫楼、咨询材料商或工人间互相介绍，能够找到工艺做得好的工人。

第11问　如何找全屋定制工厂？

1. 通过自媒体平台搜索

可以通过抖音、小红书、快手、视频号等平台，找到搜索框，如搜索：成都全屋定制工厂，就会有大量的视频或者用户出来，选择几家看着不错的，然后去厂家详细了解。

2. 通过定位软件进行搜索

使用高德、百度等导航软件进行搜索，如搜索：全屋定制工厂，上面一般都留有联系电话，可以先打电话进行基本了解，然后再去工厂进行详细了解。

3. 通过你的业主群去询问

你要记住业主群就是一个宝藏库，大多数资源都是有的。

4. 通过工厂直营店寻找

在市场上去找门店，重点去看工厂直营店，然后去工厂参观。

小结

通过自媒体平台、定位软件、业主群或工厂直营店，就能找到全屋定制工厂。

第12问 如何选择全包、半包、自装?

三种装修模式的优缺点和适用人群如下：

装修模式	优点	缺点	适用人群
全包	省时间、省心；预算可控、是一个确定值；整体效果有保障	价格高；材料可选择性少；设计差；参与感不强	工作忙没时间；不想参与、看到装修就头疼；预算把控能力差
半包	相对省钱；主材可选择性多；参与感较强；自己买主材放心	需要一定的时间；预算把控能力差的容易超标	想要多参与；担心材料不好；省钱又没时间自装；身边有主材资源
自装	最省钱的模式；参与感极强；材料可以随便选	翻车概率极大；预算很容易超标；耗费大量的时间和精力	预算很低；喜欢折腾；喜欢局部改造；工人、材料资源丰富

表 2-1　三种装修模式的优缺点及适用人群

小结

装修模式没有好与坏，适合你自己的就是好的。如果一定要推荐一个，我希望在有时间和精力的情况下选择半包。

第13问 全包包括哪些内容？

一般来说，全包是硬装方面的全包，而不是拎包入住式的全包，拎包入住式的全包在行业里叫作整装。

全包包含：基础装修中的瓷砖、木地板、房门、洁具、铝扣板、橱柜、厨房推拉门、卫生间铝合金门、开关插座、踢脚线、美缝等所有的硬装材料。

自己需要买的东西有：封窗、中央空调、地暖、新风、主灯、全屋电器、窗帘、床、沙发、餐桌等。

一般的公司都是这样配置的，在签约前要看报价单的详细项目。

小结

这里的全包不是拎包入住式的全包，在签约前要看报价单的详细项目。

第14问 半包包括哪些内容？

半包包含基础装修中的人工和辅料。

辅料主要包括：水泥、沙子、石膏板、龙骨、水管、电线、瓷砖胶、腻子粉、石膏等。

主材由业主买，如：封窗、瓷砖、地漏、木地板、房门、洁具、铝扣板、橱柜、厨房推拉门、卫生间铝合金门、开关插座、踢脚线、美缝、乳胶漆等硬装材料。

电器软装部分由业主自购，如：中央空调、地暖、灯具、暖风机、全屋电器、窗帘、床、沙发、餐桌等。

具体项目还是需要看报价单的，以上为一般情况。

小 结

半包只是包含基础装修中的人工和辅料，硬装材料与电器等需要业主自己购买，具体的购买项目一定要看报价单。

第15问 半包、自装比全包能省多少钱？

自装当然是最省钱的，一般来说自装比全包要省 30% 左右，但是没有好的管理、工人资源时也容易出问题，风险也是最大的。

半包比全包大概省 20% 的费用，这里是指买主材的费用，一般建议半包给装修公司，然后自己买主材，性价比是最高的，风险最小。

小 结

半包、自装虽然比全包省钱，但最好是半包给装修公司，然后自己买主材，这种方式的性价比最高，风险最小。

第16问 预算不多又不懂装修能不能自装?

自装的事情特别多，涉及的专业性也特别强，对于时间、精力、专业都有很高的要求，建议能选半包的话选半包，主材自己买，比全包的费用更低。

如果预算确实很低只能自装的话，建议找“陪跑服务”，怎么找工人、怎么安排工人、怎么交底、怎么买材料、怎么做颜色搭配等，都可以给你进行专业的指导，降低翻车的概率。

小结

预算不多又不懂装修，可以找“陪跑服务”，从而降低翻车的概率。

第17问 装修前要做什么准备?

1. 确定负责人

家里装修的第一步是要找一个主心骨出来，然后一切的事情以这个人为主，否则在装修过程中就是一锅粥，我见过太多在装修中吵架的家庭了，甚至还有吵到离婚的。

2. 确定预算

在开始装修之前，要根据装修需要制定一个合理的预算计划。需要考虑包括装修费用、家具、电器及其他家居装饰品的开销，以及潜在的意外费用。这一点很重要，多数人装修预算超标很严重，主要原因就是没有做好预算规划。

3. 规划设计方案

需要准备一份初步的家庭装修规划方案，包括选择装修风格、颜色、材料等。选择专业的家庭装修设计师可以帮助您更好地规划设计方案。

4. 挑选装修材料和家具

可以选择到商场或线上平台浏览，仔细查看不同品牌和型号之间的价格、质量和性能参数等信息，挑选适合自己装修风格和预算的装修材料和家具。

5. 预定工人、施工队、装修公司

找到合适的施工队或装修服务商，与他们沟通有关装修时间表、工程费用、装修流程等方面的问题，与他们签订合同并形成协议。

6. 安排时间表

根据家庭装修规划、设备和材料的安排、施工队和装修服务商的预定，安排一个合理的具体时间表，以确保装修顺利进行。

小 结

准备装修前，要确定好负责人和预算，还要规划好设计方案、预定装修公司、挑选装修材料、安排时间表等，最好是做好这些准备工作，再开始着手装修。

第18问 自装需要提前准备哪些材料？

自己装修需要提前准备以下东西，虽然不是什么大件，但是每一个小东西都很重要。

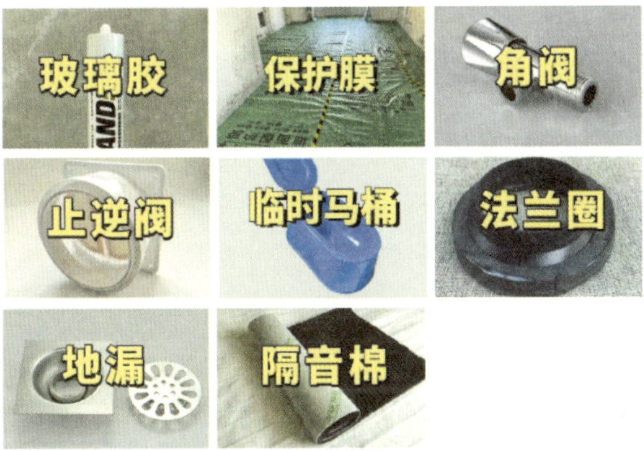

图 2-1 自己装修前需要准备的材料

小结

自己装修需要提前准备玻璃胶、保护膜、角阀、止逆阀、临时马桶、法兰圈、地漏、隔音棉等材料。

第19问 xx平方米全包需要多少钱?

这个问题很难回答，装修没有上限也没有下限，你可以理解为一分价钱一分货，有多大的能力办多大的事，永远别想着用 10 万元装出 30 万元的效果。

其实，很多人对于装修行情有严重的偏差，大概率是被装修公司误导了。如果你想了解一个比较真实的价格，建议去找你身边近期装修过房子的人了解一下真实的落地价格，当然要注意看看他装修的品质属于什么档次的。

最后，给你提供一个参考，我们在成都做装修，拿中等装修来说，硬装全包大约 1600 元 /m^2（封窗和全屋定制除外），便宜的要 1300 元 / m^2。

小 结

一分价钱一分货，想装修出高大上的效果，花费不会低的。

第20问 xx平方米半包需要多少钱?

具体价格跟所在城市、承包项目、工艺难度、材料档次等有关系。

在这里给大家一个综合参考数据：一线城市 1200 元 / m^2，二线城市 800 元 ~1000 元 / m^2，三、四线城市 550 元 ~700 元 / m^2。这个价格是一般公司的价格，如果找本地的大公司、高端公司价格会更高。

备注：影响一份报价的因素是多个方面的，主要有报价的项目多少、材料的档次、工程量的多少、单价的高低、施工工艺难易程度、公司规模等。大家拿到报价单后可以找我们做审核。

小结

影响一份报价的因素是多方面的，拿到报价单后可以找专业的装修专家做审核。

第21问　考察装修公司的工地要看哪些方面？

1. 工地施工环境是否整洁

如果工地上垃圾满地飞，说明公司没有管理到位；如果扫得一尘不染也不是好事，说明他们很缺业务，为了你一个小小的单子还专门安排人打扫卫生。

2. 现场成品保护措施是否规范

入户门、公区、下水管、线盒、瓷砖、地板等是否进行了保护，这体现了公司管理是否规范。

3. 材料堆放是否有条理

材料乱堆乱放说明没有管理和要求。

4. 施工工序

提前询问一下装修公司，要参观的工地施工到什么程度了，这样提前做一些功课，可以看看各工序的验收标准。

5. 联系真实客户

这一点很重要，如果你能在参观工地之后联系到这个房子的业主，通过业主去了解公司的服务质量、价格、有没有增项等，这样会非常有参考价值。

6. 什么时候适合参观工地

如果有时间的话可以多去看几个施工工地，各个阶段的都去看看。时间不多的话建议去看一看刚刚结束的隐蔽工程，以及基本上装完了的工地，这样能够看到的东西就比较全面了。

小结

考察装修公司的工地时，要看施工环境、材料堆放、施工工序等，尽可能地从多方面了解。

第22问 签合同有哪些注意事项？

1. 附件要齐全

包括图纸、效果图、材料表、报价单、验收标准等。

2. 签闭口合同

能签包干合同就首选包干合同，签不了包干合同就约定增项比例，最好在5%，不要超过10%。

3. 付款比例

推荐预付款 30%，水电验收合格付 25%，木工吊顶合格付 20%，瓦工贴砖合格付 20%，竣工验收合格付 5%。需要注意的是，预付款超过 30% 的合同不要签，不留尾款的合同也不要签。

4. 违约责任重点关注点

①工期延期怎么办？②偷换材料怎么办？③验收不合格怎么办？这三个问题要给出违约的解决方案。

5. 安全责任要明确

工地安全事故由乙方承担，另外还要注意公共设施的损坏、楼下漏水等隐患。

6. 违约金

违约金不高于合同总金额的 10%，市场上很多公司违约金是合同总金额的 20% 甚至 30%。

7. 明确工期

新小区一般在三个月左右完工，老小区一般在四个月左右完工；开工时间和完工时间记得写清楚，否则一旦延期产生纠纷的时候可能没有依据。

8. 看清小字

小字里面特别容易藏一些免责条款或者设限制的条款，这些可能会对你造成很大的不利。

小 结

签合同时要保证附件齐全，至于付款比例、安全责任、违约金、工期等都要有明确的标注，尤其要注意写明违约责任，最好能签闭口合同。

第23问 如何查看和要到报价单?

很多人拿到报价单不会比价，甚至乱比价，拿到一份报价单主要看以下项目：

1. 查看项目有没有遗漏

一个公司报价单只有 20 个项目，另外一个有 30 个项目，做得多的肯定总价更高。

2. 查看单价有没有过高

比如，正常贴砖人工费是 45 元 / m^2，有的公司却写成 65 元 / m^2 或者 85 元 / m^2，那就要问清楚原因了。

3. 查看工程量有没有多算或者故意少算

比如，你家贴砖实际面积要贴 150 平方米，会不会有公司给你报 200 平方米，会不会有公司报 100 平方米后面再给你加钱呢?

4. 查看工艺描述里面有没有挖坑，是否合理

比如，贴砖砂浆厚度只能在 3 厘米以内，超出 1 厘米就要加收 10 元钱。

5. 查看报价范围及最后的备注小字

很多坑都放在这些地方。

6. 查看材料表

材料的品牌、型号、规格都要仔细查看。

另外，如何要到报价单呢?

在没交钱没签合同前，大多数公司是不愿意先给报价单的，但是不是所有公司都不给。第一是你需要多找几家，第二是你要体现出足

够的诚意，一看你就是为了比价为什么要给你呢？我们有陪跑客户去了装修公司八次才要到报价单，你去了几次呢？

小 结

报价单审核是非常专业的，不是专业人士基本上是看不懂的，大多数新手也不能正确地进行比价，建议拿到报价单后可以找专业人士进行审核。

第24问　怎么装修更省钱？

装修想要省钱就以简单、实用为主，拒绝一切花里胡哨和华而不实。

1. 水电

水电可以都走地面，不需要走顶面，如果走顶面，人工费和材料费都会增加，并且还会增加吊顶的费用；布线采用点对点的做法，不需要横平竖直布线，否则，不仅费用高，后期更换电线还抽不出来。

2. 瓷砖

建筑面积在120 m²以下的房子，可以选择800mm×800mm的瓷砖，墙面的瓷砖选400mm×800mm的，不需要去选择750mm×1500mm的大砖，大砖人工费和材料费都要更高；瓷砖也不需要选择大品牌，大品牌溢价比较高。

3. 墙面

墙面就做乳胶漆，乳胶漆施工简便、费用低，后期维修也简单；墙布、硅藻泥、艺术涂料这些不建议选择，因为不仅造价高，维修还不方便。

4. 吊顶

尽量不吊顶、少吊顶，一般建议在衣柜上方和过道吊平顶，客厅和餐厅有中央空调就吊顶，没有的就不用吊顶，做个石膏线或者“双眼皮”吊顶就可以了。

5. 房门、衣柜、橱柜

房门、衣柜、橱柜等可以选择本地厂家，本地厂家性价比更高，不需要去选择大品牌的，溢价比较高。

6. 家电

常用家电都可以选择网购，不仅价格透明，而且选起来也比较方便。现在的家电功能很多，功能越复杂故障率越高，建议选择基础款就可以，耐用价格还低。

7. 软装

软装时尽量不要太省钱，太差的家具、饰品在质量上和环保上有很大的隐患，如果想省钱可以去找一些团购资源参加团购。

8. 自装

自装是最省钱的模式，不过非常耗费时间和精力。预算相对充足的话，就选择半包，可以比全包省一些，同时也没自装那么累。

小结

按照上面的方法进行装修，就能做到既省钱又实用。

第25问 没有钱怎么装？

对于没钱又等着装修入住的客户，在这里给你几个建议：

1. 重硬装、轻软装

我们经常说装修要“轻硬装，重软装”，这其实是针对正常装修的客户而言的。这里为什么又说“重硬装，轻软装”呢？对于预算有限的朋友，可以在硬装上面多投入，一次装好入住。水电、防水等不要出现问题，因为硬装部分的项目后期再翻新或者更换难度很大、成本很高，而软装家具更换方便、快捷，等后期有钱需要更换的时候很容易。

2. 预留家电空间和水电点位

家电的费用其实不低，我们可以先不买一些非紧急、非必需的家电，预留好家电空间和水电点位，等资金充足了再加上去。比如，蒸烤箱、洗碗机、净水器、扫地机器人等。

3. 尽量选用自装模式

自己找工人和买材料进行施工，同时一些简单的活也可以自己上手去干，比如，清理卫生、做成品保护、做美缝、包下水管隔音棉等。

小 结

千万不要想着省一省就全部装修完了，如果盘算着手头不多的预算去装，那样品质太差了，如果装修成一个出租房也不行，毕竟是自己住。

第26问 收房需要哪些资料？

在新房收房的时候，开发商一般会提前半个月或一个月邮寄收房通知书和发收房通知信息，通知书上会备注需要携带的资料。

业主一般需要带以下资料：交房通知书、身份证、户口本、购房合同、收款收据、大修基金发票，有的还要提供契税缴纳发票，具体内容根据收房通知书为准。

到达现场后查看证件是否齐全，即我们常说的“三书一证一表”，具体为《住宅质量保证书》《住宅使用说明书》《建筑工程质量认定书》《项目竣工验收合格证》《竣工验收备案表》。

交房前三天一般人很多，建议等三天过后再去收房，这个时候人不多办理起来也方便，另外其他业主验完房有什么问题一般会发在业主群，等你去收房的时候可以重点查看这些问题。

小结

新房收房时要带齐上面提到的证件和材料，以免走冤枉路。

第三章

装修疑问篇

第27问 哪些材料适合网购，哪些适合线下采购？

适合网购的材料：

灯具：主灯类、无主灯类都可以，特别是无主灯类的网上很多都是有灯光设计师专门设计的。

卫浴：马桶、花洒、台盆、龙头，建议购买大品牌的，例如，九牧、箭牌、恒洁、科勒、TOTO 等。

开关插座：线上买更便宜，不仅要买大品牌，还要买大品牌的中端、高端款。

五金件：地漏、毛巾架、厕纸架、置物篮等。

小件辅料：玻璃胶、止逆阀、地膜、临时马桶、钥匙盒、隔音棉等。

家电软装：大小电器、软装。

不适合网购的材料：

大件辅材：水泥、沙子、石膏板、龙骨、水管、电线、腻子粉等。

定制品：全屋定制、木门等。

主材：瓷砖、木地板、铝扣板、石材等。

软装：需要去淘一些小众品牌的软装，建议线下实地考察后再采购，这样放心一些。

小结

一些装修材料是适合网购，还是适合线下采购，一定要区分清楚，不要闹出笑话。

第 28 问　如何除甲醛？

想要有效除甲醛其实并不难，甲醛怕两样东西，一是高温、二是水，做好这两点就可以把甲醛快速地排出来，然后再想办法排出室外就可以了。

第一步是升温，当温度低于 20℃时甲醛挥发非常缓慢，当温度高于 20℃的时候会快速挥发。所以在冬天你就关门窗、开暖气或者空调升温，然后再间断性开窗通风；如果是夏天你就一直开窗通风。

第二步是加湿，房间里多放几个水盆或者放加湿器，木地板、柜子、木门等可以用湿抹布在表面多擦几次，切忌水太多。

图 3-1　加湿效果图

第三步是开窗通风，把游离甲醛排出去，通风不好的可以使用风扇往外吹。

图 3-2　用工业风扇通风或活性炭包吸附甲醛

另外，也可以买一些活性炭包放在柜子、抽屉里用来吸附甲醛，不过要一周换一次。

小 结

了解了甲醛的特性后，去除甲醛并不难。

第29问　装修完多久可以入住?

关于这个问题的答案众说纷纭，有的人说两三个月，有的人说半年，还有人说要等一年以上。其实，装修完多久可以入住并不在于时间长短。你用的材料环保或者除醛方法正确，那么入住就快；你用的材料不环保或除醛方法不对，那么入住就慢。一定要以科学为依据，检测出来的数值合格就可以入住，不合格就不能住。那么，如何进行检测呢?

1. 使用工具

甲醛检测仪，可以网购一个，价格 300 元以内的就可以。

2. 检测方法

关闭门窗 4 小时以上，再开机进行检测，注意要避开香料、香水、油漆、香烟、酒精等物品。

3. 合格标注

不高于室内空气质量标准 GB/T18883-2022 中标准值的要求为合格。

中 华 人 民 共 和 国 国 家 标 准

GB/T18883-2022

室内空气质量标准

Indoor air quality standard

参数	单位	标准值
甲醛	mg/m^3	≤0.08
苯	mg/m^3	≤0.03
甲苯	mg/m^3	≤0.20
二甲苯	mg/m^3	≤0.20
氨	mg/m^3	≤0.20
TVOC	mg/m^3	≤0.60

国家市场监督管理总局
国家标准化管理委员会
联合发布

自2023年2月1日起正式实施

图 3-3　室内空气质量标准图

小 结

甲醛检测合格后就可以入住。入住后要进行持续监测，前两个月尽量一周检测一次，然后逐步减少检测次数；同时刚住进去时保持房间通风，夜间尽量不要把窗户关死。

第30问 瓷砖选择多大规格的好？

有的人想选小砖却担心不好看，有的人想选大砖又担心大了不合适，那么应该选多大的呢？其实，从目前简约、极简的装修趋势来说，单单从效果上看肯定是越大越好的，所以说在装修不考虑预算的情况下，想要效果好就选择大的。

如果追求性价比，大家可以参考下面几点：

①建筑面积 100 ㎡以下，大地砖选择 800mm×800mm 的，墙砖选择 400mm×800mm 的。

②建筑面积 100 ㎡ ~140 ㎡的，大地砖选择 600mm×1200mm 的，墙砖选择 400mm×800mm 的或 600mm×1200mm 的。

③建筑面积 150 ㎡以上的，大地砖选择 750mm×1500mm 的，墙砖选择 600mm×1200mm 的或 750mm×1500mm 的。

④单个空间面积超过 100 ㎡的可以选择 900mm×1800mm 和以上的。

除了这些砖，还有 300mm×300mm、300mm×600mm 的瓷片，瓷片目前已经很少用了，当然如果要做一些特定的风格，需要去使用一些色彩丰富的花砖，还是只能选择瓷片。另外还有木纹砖，这些年比较流行，不过木纹砖的费用并不低，瓷砖费用、铺贴费用、美缝费用都是相对较高的。

小结

具体选择多大的砖最终还是要结合自己的喜好、预算、面积大小来进行综合选择。

第37问　亮光砖、柔光砖、哑光砖怎么选？

分类	优缺点及适用人群	要点内容	图例
亮光砖	优点	1.技术成熟，小品牌可放心买 2.价格低，比柔光、哑光都要低 3.好打理卫生	
	缺点	1.防滑较差 2.容易光污染	
	适用人群	1.懒人，不想打理卫生的人 2.想省钱，预算有限的人	
柔光砖	优点	1.光污染较小 2.手感舒适、细腻	
	缺点	1.技术不成熟、市场乱 2.容易买到柔抛砖	
	适用人群	介于柔光和亮光之间，吸取了各自的部分优点	
哑光砖	优点	1.质感好、高级 2.防滑、耐磨性能好 3.没有光污染	
	缺点	1.不好打理、难清洁 2.费用较高	
	适用人群	1.追求高级感的人 2.经常打扫卫生的人	

表 3-1　亮光砖、柔光砖、哑光砖优缺点及适用人群

小结

具体怎么买根据优缺点进行选择和判断。

第32问 普通美缝、环氧彩砂、聚脲美缝怎么选?

分类	成分及优缺点	要点内容	图例
普通美缝	成分	丙烯酸树脂、颜料、固化剂	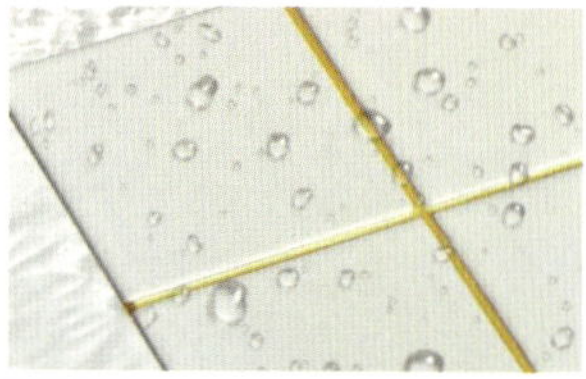
	优点	有光泽、易清洗、耐脏，性价比高，8元/m左右	
	缺点	容易黄变，时间长了会脱落，塑料感强	
环氧彩砂	成分	环氧树脂、固化剂、石英砂、颜料	
	优点	防水防霉性能好，可以调色做平缝，更美观	
	缺点	浅色彩砂易变黄，13元/m左右	
聚脲美缝	成分	天冬聚脲、异氰酸酯	
	优点	抗黄变能力强	
	缺点	价格贵，15元/m左右	

表3-2 普通美缝、环氧彩砂、聚脲美缝成分及优缺点

小结

如果要性价比选普通美缝，如果要效果选环氧彩砂，如果要使用时间长选聚脲美缝。

第33问　美缝剂能不能自己做?

凡是想自己干的 99% 都是为了省钱，那我们来算一笔账，比如 100 ㎡的房子，全屋地面通铺、厨卫和阳台瓷砖大概共 130 ㎡ ~150 ㎡，我们按照 150 ㎡来计算，在成都如果自己找工人包工包料大概在 20 元 / ㎡，总共也就是 3000 元，材料需要花费 1500 元左右，你自己做也就是省 1500 元，但是你需要三四天才能完成，其实也就是自己赚个工资而已。但是美缝是个技术活，自己做是有风险的，一旦没做好，不仅浪费钱、时间和精力，还要找人来返工重新做，那就亏大了。

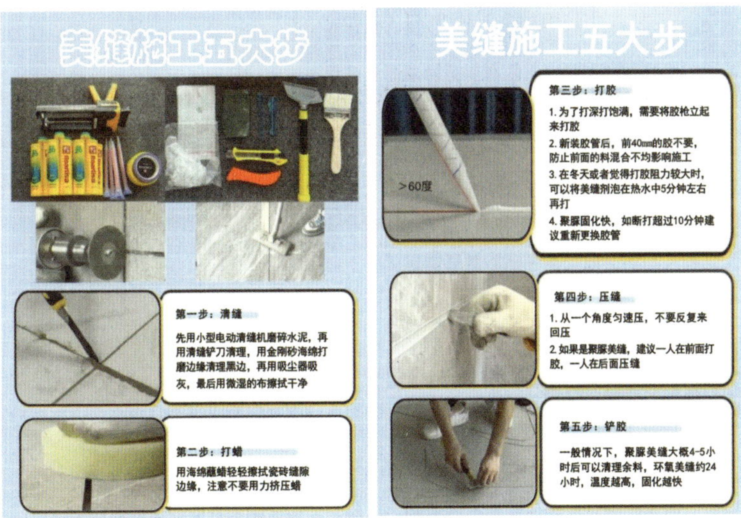

图 3-4　做美缝剂的步骤

小结

建议大家还是不要为了节省一千多块钱而造成更大的损失。

第34问 购买前置过滤器是不是交智商税?

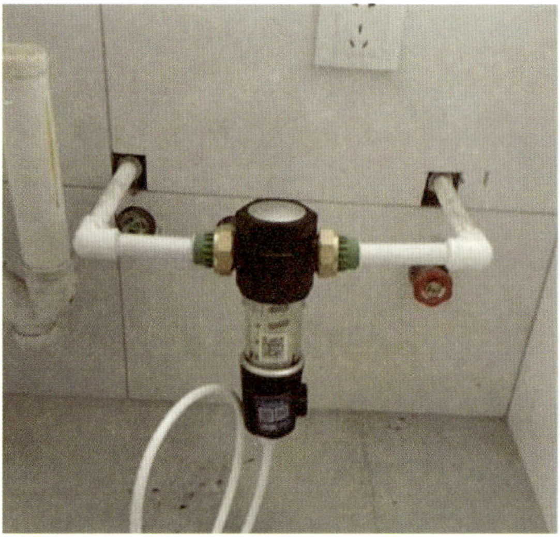

图 3-5 前置过滤器

1. 前置过滤器的作用

过滤水中的泥沙、铁锈、虫卵等大的颗粒物，是全屋用水的第一道粗过滤设备，如果你家的水龙头、花洒出现用着用着水越来越小、花洒出水分叉等现象，都是被水中的杂质给堵住了。

2. 前置过滤器安装在哪里

一般安装在水表间或者厨房洗菜盆的主进水管道上。如果管井可以放，推荐放在管道井里面，这样不占用橱柜空间。

3. 前置过滤器多少钱

从三四百到三四千的都有，一般我们选择 1000 元以下的产品就可以，前置过滤器原理简单，不需要去追求大品牌。

4. 前置过滤器怎么选购

有几个点需要配置：定期、自动冲洗，万向安装阀门，316 不锈钢滤网，过滤精度四十微米，高分子防爆滤瓶，虹吸反冲洗、双向磨刮，无铅黄铜。

小 结

前置过滤器价格不贵、作用很大，推荐购买。

第35问　如何选全屋净水？

1. 什么是全屋净水

全屋净水是一个系统，有前置过滤器、中央净水器、中央软水机、末端净水器（管线机、净热一体机、直饮机等）。

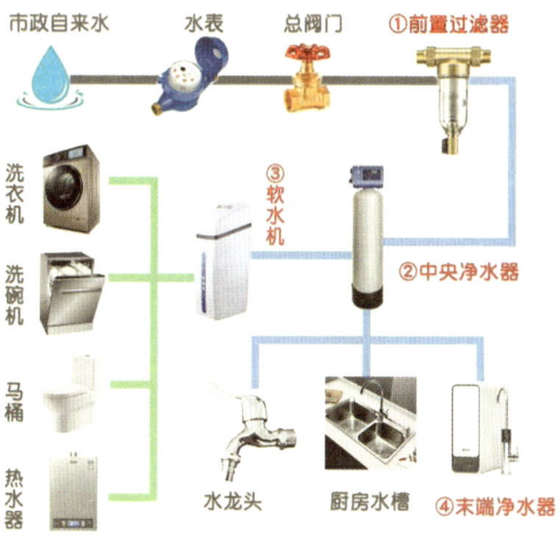

图 3-6　全屋净水系统

2 如何进行配置？

①对水质要求很高、豪宅、用水设备特别名贵，可以安装全套的净水系统，确实可以

提高生活品质和设备寿命。

②一般家庭只需要配备前置过滤器、净水器、末端饮水就可以了，可以是前置、净水器、管线机的组合，也可以选择前置、净热一体机的形式。

③追求极简的家庭可以选择前置、嵌入式直饮机的组合，但是价格较高，一般在 10000 元以上。

3. 价格推荐

前置过滤器选 1000 元以内的；净水器选 2000 元 ~4000 元的，管线机买 2000 元以内的；净热一体机买 2000 元 ~4000 元的；直饮机选 10000 元以上的。

小 结

按照以上标准选全屋净水即可。

第 36 问 有没有必要做零冷水？

很多人都说做零冷水是交智商税，其实这样的观点是相对片面的，是否值得做要看你的具体需求。

直白地说就是你愿不愿意冬天洗手、洗脸、洗澡等一分钟才出热水，你觉得等一分钟无所谓，那么你可以不装，如果你等不了，那么就安装。

还有人会想，零冷水是好，但是需要多出来多少钱，值不值得做呢？

做零冷水主要有三笔账要算：

1. 做循环水布管

这个费用一般要比不做循环水的费用高出 10%~20%，比如，正常水电要 2 万元，循环水做完要多花 2000 元到 4000 元。

2. 热水器费用

一般零冷水热水器要比普通燃气热水器贵 1000 元以上。

3. 电费

零冷水的原理是热水器启动烧水让水管里面的水一直保持温度，所以耗电；一般每个月电费要高出 50 元左右，不过可以选择定时启动，比如晚上 6 点到 10 点启动，其余时候关闭，这样可以省下很多钱，一般每月差不多多出 20 元电费。

误区：1. 零冷水不是打开龙头立马出热水，一般要 5 秒到 10 秒钟出热水，普通的要 60 秒到 90 秒出热水；2. 只需要单独的一个地方出热水，比如，洗脸盆想要快速有热水，可以安装一个小厨宝，这样更省钱。

小 结

> 做零冷水不是交智商税，可以提升居住体验和品质，预算允许的朋友推荐去做；想省钱的、热水器离卫生间很近的可以不做。

第 37 问 现场做柜子好，还是全屋定制好？

很多人纠结这个问题，其实就是纠结两个方面，一方面是哪个更便宜，另一方面是担心定制工厂材料用得不好。针对这两个方面我们做一个详细分析：

1. 价格

价格取决于人工和物价水平。如果是在一、二线大城市，人工费比较高，而且一、二线城市以定制为主，木工很难找，全屋定制下来一般要投七八百元一平方米，甚至更高；如果是在三、四线城市，人工费用低，并且有很多做柜子的木工，很容易找到木工，费用一般是五六百元一平方米，县城、乡镇会更便宜。

还有一个因素要考虑，一、二线城市工厂多、竞争大，全屋定制的价格并不高，三、四线城市和县城工厂少甚至没有工厂，只有经销商，全屋定制价格高。所以，一、二线城市推荐工厂做；三、四线城市和县城推荐木工现场做。

2. 环保和材料

有人担心全屋定制用的材料不环保，所以自己买材料，找木工现场做柜子。但是，现场做柜子用的是生态板，全屋定制用的是颗粒板、欧松板，用材的品类是不一样的。其实，不用担心工厂的材料好不好，你完全可以指定厂家，根据你的要求来定做就好了。

小结

不管是现场做柜子，还是全屋定制，选择适合自己的就行。不过，即使是现场做柜子，也还是需要去找工厂定做板子的，这样才能保证基本效果，不然木工现场封边的效果会差一些的。

第33问　什么板材环保？

总有人问我什么板材环保，答案就是原木。

我们做个游戏，现在有四张板材：

A. 密度板 ENF 级　　　　B. 颗粒板 F4 星级

C. 多层板 E1 级　　　　D. 生态板 E0 级

告诉我你准备选哪一个。

其实，环保与不环保的定义只有一个，那就是环保等级，ENF>F4>E0>E1，所以你知道怎么选择了吗？

在选板材时，以下三个误区需要注意：

1. 有人说密度板是甲醛之王，不能用，其实现在密度板也能做到 ENF 级了，而且你要做造型门板还必须用它。

2. 有人说颗粒板甲醛多，不能用，但是现在的 MDI 胶非常环保，比如，万华禾香板、鲁丽欧松板等大品牌就是用的 MDI 胶，是可以达到 ENF 级的。

3. 有人说生态板很环保，其实不是，生态这两个字很容易麻痹大家，其实跟环保没多大关系。相反，生态板用的是脲醛胶，虽然用的胶少，但是很难达到 ENF 级。

小结

选择板材时，如果想达到环保的效果，最好选择原木，密度板 ENF 级就不错。

第39问 E0级别的板材能不能用?

环保的最低等级 E1 级，一般居住不建议使用；E0 级作为推荐性国标是可以用于室内装修的，性价比相对而言也比较高。

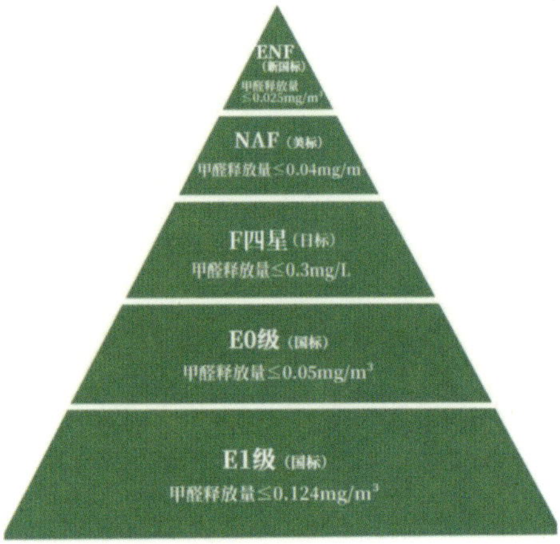

图 3-7 板材环保等级图

小 结

如果选 E0 级的板材进行室内装修，最好在入住前做一下甲醛检测，达标后再入住。

第40问 碳晶板好不好?

现在这个话题非常火爆，各个平台上的广告铺天盖地，装修时间快、材料环保没甲醛、防水防潮、价格还便宜，很多人都跃跃欲试，真的是这样吗?

图 3-8 碳晶板

关于碳晶板，目前并没有一个明确的定义，其实它的内部结构是用密度板做的，加了一些颜色、石墨、PVC，摇身一变就成了碳晶板，所以你觉得环保吗?

碳晶板存在以下问题：①材料本身不够环保，安装要用大量的发泡剂和结构胶也不环保。②价格跟乳胶漆相比并不便宜。③时间长了容易变形。④收边收口需要加铝合金收边条，或者打胶，不够美观。

小 结

不推荐使用碳晶板。

第41问 全铝整装好不好?

全铝整装的优点：

①防火、防潮、防水。

②甲醛较少、环保。

③施工周期快。

全铝整装的缺点：

①价格高，一般在 1200 元 ~2000 元 / ㎡。

②摸着比较冰冷。

③花纹、颜色比较少。

④没有龙头企业、没有国家标准，封边、握钉力等没有相应标准。

⑤怕磕碰、不好修复。

误区：全铝整装不是零甲醛，虽然铝材没有甲醛，但是铝材外面还要覆膜，覆膜是会产生甲醛的，只是甲醛相对要少一些。

小结

不推荐做全屋全铝整装，价格太高了，而且显得冰冷，档次也没那么高，性价比低。橱柜、阳台洗衣柜、卫生间洗手盆这些地方的柜子是可以做成全铝的。

第42问　木地板好还是全屋通铺瓷砖好？

分类	优点	缺点
木地板	看着更加温暖；脚感更舒服；比瓷砖更防滑	耐久性差，防水、防潮都有隐患；跟瓷砖比不够环保
瓷砖	环保，不用担心甲醛问题；好打理，好做卫生；耐久性好，不怕水、不怕潮	不防滑，特别是遇水很滑；冰冷，没那么舒适；很硬，安全隐患大

表 3-3　木地板与瓷砖优缺点

建议：

①有老人、小孩的家庭推荐使用木地板，不怕摔倒受重伤，更安全，舒适宜居。

②没有老人和小孩的家庭可以根据喜好进行选择。

③客厅和餐厅用瓷砖，卧室使用木地板。

小结

木地板和瓷砖各有优缺点，可以根据实际情况进行选择。

第43问 喷涂和乳胶漆滚涂哪个好？

1. 喷涂

优点：均匀、光滑、平整。

缺点：修补困难、耐擦洗差。

图 3-9 喷涂效果图

2. 乳胶漆滚涂

优点：有肌理感、好修补、耐擦洗强。

缺点：不够均匀。

图 3-10 乳胶漆滚涂效果图

小结

推荐使用乳胶漆滚涂工艺，不推荐喷涂工艺。

第 44 问　开发商安装的入户门要不要更换?

开发商安装的门换不换取决于很多条件：

1. 质量好坏

如果质量可以就不用换，如果质量差就换；门的厚度是否在 9cm 以上，是不是 C 级锁，是不是甲级门，最好不要有猫眼。

图 3–11　贴毛毡效果图

图 3–12　滚漆、喷漆效果图

2. 看造型

如果档次太差、造型太差、颜色太差，你严重不喜欢或者跟户内装修不搭可以换。

3. 看预算

预算充足可以随便换，预算吃紧的话，那每一笔钱都要精打细算。

4. 推荐几个改门颜色的方法

①贴毛毡。②滚漆、喷漆。

小结

入户门能不换的尽量不要换。

第45问 开发商的窗户要不要换？

窗户一般分为四类：铝合金窗户、塑钢窗户、断桥铝合金窗户、铝木窗户。

1. 铝合金窗户

特征：造价低廉，中低端工程窗应用较多。

缺点：隔热保温性能比较差；结构单薄易变形。

2. 塑钢窗户

特征：隔热保温性能较好，一般适用于北方。

缺点：结构强度较低，易变形。长期受阳光照射易褪色。

3. 断桥铝合金窗户

特征：与通体铝相比，隔热性能强；与铝木和塑钢相比，结构强度高，耐候性更好。

4. 铝木窗户

特征：装饰性强，大多适合中式风格；保温效果较好，适用于北方地区。

缺点：可选择的木种较少，适配风格较为有限；稳定性差，容易受潮变形、受蚁蛀。

断桥铝合金窗户　铝合金窗户　塑钢窗户　铝木窗户

图 3-13　四类窗户效果图

小结

如果是铝合金窗户和塑钢窗户的话推荐更换，如果是断桥铝合金窗户和铝木窗户的话不需要更换。

第46问 开发商的水电要不要换?

①给水管建议全部更换。

②排水管没有破损就不用更换。

③电线推荐局部改造，可以不更换。

④如果不放心可以找电工把电线抽出来确认一下，如果是知名品牌的电线可以不更换。

小结

根据实际情况对开发商的水电进行适当更换。

第47问 乳胶漆、墙布、艺术漆哪个好？

产品	对比分析	
乳胶漆	优点	①价格便宜 ②施工相对简单
	缺点	①无法具备肌理感，只有颜色的变化，艺术性不强 ②因墙面日常氧化，局部补漆有色差 ③墙面容易开裂 ④施工对墙面平整度要求高，否则会有明显的凹凸 ⑤日常磕碰难以处理
墙布	优点	①织物肌理，温馨舒适 ②色彩花型丰富，效果美观 ③具有延展性，能有效遮盖墙面小裂缝和瑕疵 ④抗磕碰，很多墙布具备防水、防污、防霉性能，易打理
	缺点	①价格高于乳胶漆
艺术漆	优点	①具有天然肌理感和质感 ②图案花色多样，具有艺术性 ③墙面不易开裂
	缺点	①价格昂贵 ②三分产品七分工，施工工序复杂，成品效果好坏取决于师傅的技术和审美

表 3-4　乳胶漆、墙布、艺术漆优缺点

成本分析：在成都，乳胶漆的价格一般在 60 元 /m^2 左右；墙布的价格一般在 80 元 /m^2，腻子基层的价格为 40 元 / m^2，综合价格为 120 元 / m^2；艺术漆的价格一般在 150 元 / m^2以上，好的超过 200 元 / m^2，还要加上 40 元 / m^2的基层，综合价格基本上在 200 元 / m^2以上。

小结

一般来说，墙面面积的大小是套内面积的 2.8 倍，可以根据房屋面积的大小和乳胶漆、艺术漆、墙布的优缺点进行选择。

第48问 石膏板、铝扣板、蜂窝板哪个好？

厨卫吊顶如何选择？

产品	对比分析	
石膏板	优点	美观、大气、造型灵活，可以与客厅和餐厅吊顶保持一致
	缺点	施工麻烦、造价高，检修不方便、容易受潮发霉
	建议	使用耐水石膏板，耐水腻子，防水乳胶漆
铝扣板	优点	安装简单、检修方便，不怕水不怕潮、便宜（120元 /m²）
	缺点	造型不够灵活、造型差
	建议	厚度选择 0.6mm，选纯色、平板的
蜂窝板	优点	大气、美观，造型相对灵活
	缺点	价格较高
	建议	选表面涂层的，不选覆膜的，搭配发光龙骨灯带

表 3-5 石膏板、铝扣板、蜂窝板优缺点

小结

经济实惠、性价比高，选择铝扣板；如果是开放式厨房，选石膏板，整体性强，更好看；厨房和卫生间的面积大，选蜂窝板，大气好看又耐用。

第49问 水电走顶好还是走地好？

关于这个话题众说纷纭，大多数装修公司或者网络上的装修博主都告诉你水一定要走顶，我对此有不一样的意见：

①水管走顶使用的材料更多，包括水管、接头、线卡、保温棉等，加起来的费用基本上要高出 20%~40%。

②水管走顶的施工难度更大，开槽更多，安装更不方便，人工费也会更高。

③水电走顶就意味着必须吊顶，一般进水管在厨房，要走到卫生间和阳台就需要进客厅、餐厅、过道等地方，这些地方都要吊顶，费用会增加很多。

④走顶好维修，漏水了可以早发现，破坏也更小。但是现在的热熔技术已经很好了，只要打压没问题后面是不会漏水的，这种情况几乎不会发生。

⑤走地其实可以更好地保护水管，价格也很低，使用也方便，走顶水管暴露在空气中反而对耐久性有影响。

小 结

除非地面标高不够，水电没法走地，否则，我都推荐你走地。

第50问 厨房要不要做防水？

大多数博主会告诉你有地漏就做防水，没地漏就不做防水。其实现在开发商盖的房子厨房基本上是不含地漏的，但是你真的敢不做防水吗？

图 3-14 厨房做防水效果图

我想大多数人是不敢的，之所以很多博主那么说，是因为当漏水很大的时候确实会通过客厅和餐厅漏到楼下，做了防水也防不了。但是，如果是轻微的渗水呢？做了防水还是可以防止水快速漏到楼下的。

一般厨房在 10 平方米以内，做防水面积不会超过 20 个平方米，按照 50 元一个平方米来算，最多也就是省下 1000 元钱，所以我建议大家不是真正意义上的穷装修，要分毫必争的情况下，还是做防水好一些。

小结

装修房子时，最好给厨房也做一下防水。

第57问 嵌入式踢脚线好不好？

嵌入式踢脚线好看也不藏灰，但是我真的不推荐，理由如下：

①嵌入式踢脚线要开槽，费用高。

②墙体开槽对于墙体结构是不好的，特别是剪力墙的地方，施工难度也更大。

图 3-15　嵌入式踢脚线

③对于墙面的平整度要求也非常高，最好做冲筋找平。

小结

如果不是极简风装修就不要做嵌入式踢脚线；可以采用 4 厘米极窄实木踢脚线或者铝合金踢脚线。

第四章

施工验收篇

第52问 如何验收毛坯房？

<table>
<tr><th colspan="4">毛坯商品房验收表</th></tr>
<tr><td colspan="4">号楼　　单元　　层　　号</td></tr>
<tr><td colspan="4"></td></tr>
<tr><th>列项</th><th colspan="3">必备资料、注意事项</th></tr>
<tr><td>五证</td><td colspan="3">《建筑用地规划许可证》《建设工程规划许可证》《国有土地使用证》《建设工程开工证》《商品房销售(预售)许可证》</td></tr>
<tr><td>两书</td><td colspan="3">《商品房质量保证书》《商品房使用说明书》(两书原件可以带走)</td></tr>
<tr><td>三表</td><td colspan="3">《竣工验收备案表》原件、《住宅工程分户验收记录表》《面积实测表》。《竣工验收备案表》是收楼环节中最应该注意的文件，按照有关规定，表上的每一项都必须报有关主管部门备案，缺少任何一项该楼盘都不能入住</td></tr>
<tr><td>一图</td><td colspan="3">管线分布竣工图(水、强电、弱电、结构)(有时也会附在《住宅使用说明书》中)</td></tr>
<tr><td>注意事项</td><td colspan="3">购房者在没有验收房屋之前，不能签署《住宅钥匙收到书》、领取住宅钥匙、办理入住手续。</td></tr>
<tr><td colspan="4">验　　收</td></tr>
<tr><th>编号</th><th>检查项目</th><th>序项</th><th>检验标准</th></tr>
<tr><td rowspan="3">一</td><td rowspan="3">入户门检查</td><td>1</td><td>门表面应洁净，不得有划痕、碰伤</td></tr>
<tr><td>2</td><td>门的割角、拼缝应严密平整</td></tr>
<tr><td>3</td><td>门与墙体间缝隙的填嵌应饱满</td></tr>
</table>

编号	检查项目	序项	检 验 标 准
一	入户门检查	4	门框翘曲允许偏差为 3mm，门扇翘曲允许偏差为 2mm、表面平整度允许偏差为 2mm，门框门扇对角线允许偏差为 3mm
		5	安装的留缝限值、允许偏差：门扇对口缝、门扇与门框立缝宽度为 1.5mm～2.5mm
		6	毛坯房入户门与地面的留缝宽度不应小于 3.5cm
		7	门框检查：安装是否牢固平整，门框与墙体连接是否密闭严实，门框表面有无异常毛刺、开裂、破损等情况
		8	门扇有无变形、开裂问题，面漆外观是否完好、表面是否平整，距离地面是否考虑预留地面装修做法
		9	门锁检查：门锁安装是否牢固，钥匙插拔是否平滑、锁芯转动是否自如，各方向锁舌伸缩，锁孔位置是否正常
		10	门把手检查：安装是否牢固，旋转时有无异常阻力，表面有无缺损、变形
二	铝合金门窗检验	1	铝合金门窗：表面应洁净、平整、光滑，色泽一致，无锈蚀；大面应无划痕、碰伤；中空玻璃内外表面应洁净，玻璃中空层内不得有灰尘和水蒸气
		2	铝合金门窗安装允许偏差：门窗框的正、侧面垂直度允许偏差为 2.5mm，门窗横框的水平允许偏差为 2mm，门窗横框标高允许偏差为 5mm，门窗竖向偏离中心允许偏差为 5mm
		3	铝合金门窗框与墙体之间的缝隙应填嵌饱满，并用密封胶密封。密封胶表面应光滑、顺直、无裂纹
		4	铝合金门窗扇的橡胶密封条应安装完好，不得脱槽，设置的排水孔应通畅
		5	窗框检查：窗框安装牢固端正，窗框是否有划痕、磕碰、变形等

编号	检查项目	序项	检 验 标 准
二	铝合金门窗检验	6	五金件及开启检查：要求开关自如平稳，推拉自如，轨道件安装牢固，关窗后不漏气
		7	密封检查：窗扇与窗框、窗扇与玻璃的密封条是否到位、严密，有无破损、断续等问题，窗框与墙体间的密封胶条是否完整、有无脱落、破损、裂缝等问题，有无渗漏现象
		8	玻璃检查：安装牢固、完整、无裂纹及明显划痕
三	地面检验	1	地面结合牢固，不得有空鼓(考虑到我国施工企业的实际水平，对空鼓面积大于 400cm²，无裂纹，且每自然间或标准间不多于两处时，可不计入空鼓这一施工质量缺陷)、裂纹、脱皮、麻面、起砂等质量缺陷
		2	地面表面应密实，不得有起砂，蜂窝和裂缝等质量缺陷
		3	地面表面的允许偏差：表面平整度允许偏差为5mm，标高允许偏差为正负 8mm，厚度允许偏差为不大于设计厚度的 1/10
		4	有防水要求的地面的立管、套管、地漏处严禁渗漏，坡向应正确，无积水
		5	地面是否存在倒返水和积水现象
		6	地面水暖预埋管线是否有标识
		7	地面是否预留装修地面做法
四 -1	墙面检验	1	墙面抹灰表面光滑、接槎平整；无空鼓(空鼓面积不大于 400cm²且每自然间不多于两处可不计）开裂，无脱皮
		2	墙面抹灰层与基层之间必须黏结牢固，抹灰层应无脱层、空鼓，面层应无爆灰和裂缝，外墙不得出现渗水现象
		3	有排水要求的部位应做滴水线(槽)，滴水线应整齐顺直，内高外低

编号	检查项目	序项	检 验 标 准
四 -1	墙面检验	4	墙面平整度采用 2m靠尺、塞尺检查，平整度允许偏差小于 3mm；立面垂直，允许偏差小于 3mm；阴阳角方正顺直，允许偏差小于 3mm
四 -2	墙面一般裂缝检查重点	1	检查房屋外墙是否有裂缝(有漏水的隐患)
		2	承重墙是否有贯穿裂缝且在不同楼层墙体的同一位置均出现有方向、有规则的裂缝(有结构安全隐患)
		3	检查楼板(地面和顶板）是否有对贯穿型裂缝(与房屋横梁平行的裂缝)，根据《混凝土结构工程施工质量验收规范》第 8.1.1条规定，裂缝宽度在现行设计规范允许范围(0.3mm）内属一般缺陷，不影响现浇板的承载能力
		4	检查地面和顶板是否有受力裂缝，这种情况一般出现在支座处的板面或板中部的板底。一般表示为与墙角呈 45°的裂缝、与横梁垂直的裂缝等，这种裂缝往往不对穿，形状外宽内窄，对结构安全和耐久性都有影响
		5	阳台、雨篷等悬挑结构板是否有贯穿裂缝(有结构安全隐患)
五	防水检验	1	卫生间、阳台、厨房、屋面、外墙、外墙门窗、空调洞口的防水检验。其中卫生间、阳台、厨房、业主在收楼时要求做 24小时的闭水实验。对检验出现渗漏问题的必须要求整改，并再次进行试水检验直至不发生渗漏
		2	防水层表面应平整、无鼓泡、折皱等缺陷，刚性防水层无酥松、开裂、起砂等弊端，防水层排水坡度符合设计要求，无明显积水现象
		3	细部构造做法符合规定要求，且密封严密无渗漏
六	给排水检验	1	毛坯房除了预留管道几乎没有说明给排水设施，也不安装卫生间器具。重点检查的是以下内容

编号	检查项目	序项	检 验 标 准
六	给排水检验	2	现有阀门、龙头检查：位置是否合理，开启、关闭是否正常、通畅，无破损、锈迹、无滑扣失效、滴水现象
		3	管道是否固定牢固，安装是否平直整齐，管道有无破损，接头是否完好
		4	预留上水堵头、管线等是否考虑装修面层尺寸，水堵头是否打开
		5	水表检验：水表安装是否符合规范，水表接头是否紧密完好，有无空转现象
		6	排水口、地漏口检测：是否有地漏，地漏位置是否合理，排水口、地漏口是否完整，是否封口严密
		7	排水口应进行封堵，防止垃圾进入排水管道发生管道堵塞
七	电气检验	1	应按套(单元）安装电表或预留表位，并有接地装置；电气线路安装应平整、牢固、顺直，过墙应有导管。导管连接必须紧密，铝照明器具等低压电器安装支架必须牢固，部件齐全，接触良好，位置正确
		2	分户配电箱检查：配电箱安装符合国家规范要求；箱体、饰面板内外清洁，无刮碰痕迹及色差；箱门开启灵活；箱内各开关、漏电保护器动作正确，控制范围正确；箱内结线整齐，回路编号齐全，正确
		3	电表检查：电表安装符合规范，在关闭总闸后无电表空转现象
		4	开关、插座面板表面清洁、无损坏；开关控制范围正确；开关切断相线，单相两孔、单相三孔插座的相、零、地接线正确；暗开关、插座的盖板安装牢固、紧贴墙面，四周无缝隙；导线接线符合国家规范要求
		5	照明检查：灯具安装牢固、位置正确

编号	检查项目	序项	检 验 标 准
七	电气检验	6	其他弱电系统：对讲门禁、安防、音响系统等的验收应遵循相应的国家规范标准
		7	线材色标合理，接线正确，左零右相，下零上相，相线为红线，零线为蓝线，接地线为绿黄双色线，接线紧密；卫生间电源插座、非封闭阳台插座应采用防溅型插座；洗衣机、电热水器、空调电源插座应带开关
	单元内各房间插座数量	卧室	电话、宽带、有线电视各 1个、强电源（普通二三眼）不小于 5个、开关（双控）1个
		起居室	电话、有线电视各 1个、强电源（普通二三眼）不小于 8个、开关 1个
		厨房	强电源（带开关）不小于 8个、开关 1个
		卫生间	电话 1、强电源（防溅型）2个、开关 1个
		阳台	强电源（防溅型）1个、开关 1个
		书房	电话、宽带各 1个、强电源（普通二三眼）4个、开关1个
八	安防系统	1	各分项系统有安防部门检验合格证明，各分项系统运行正常
		2	可视对讲系统，能实现三方通话功能，通话时声音清晰，无杂音干扰。图像清晰，不失真，无杂波
		3	闭路电视监控系统，图像清晰，无杂波（能看清人员样貌、车牌号）能随意观察任意图像、各种录像功能正常
		4	一卡通管理系统，IC卡开启门锁和道闸功能正常、IC卡的开门权限及根据时间、卡号、姓名、门锁号等条件通过电脑软件查询并打印如各门锁开启情况、IC卡发行或使用情况、用户资料等操作正常

编号	检查项目	序项	检验标准
八	安防系统	5	家庭室内求助系统，紧急按钮安装位置统一，在主卧和起居室各布一个、管理中心的电脑自动弹出报警点的电子地图，并发出报警信、管理中心电脑软件能够显示用户布防、撤防的记录，并存在电脑中以便查询

表 4-1 毛坯商品房验收表一览

小 结

按照上面毛坯商品房的各项验收标准进行验收。

第53问 砌墙如何验收？

验收阶段	验收项目	验收标准	验收工具	图例
新建墙体	植入拉结筋	拉结筋的设置采用化学植筋法，墙体高度每增加 3皮砖，增设拉结筋，钢筋直径不小于 6mm。120mm以内的隔墙增加一根，每超过 120mm再增加一根。	目测	

<table>
<tr><th>验收阶段</th><th>验收项目</th><th>验收标准</th><th>验收工具</th><th>图例</th></tr>
<tr><td>新建墙体</td><td>满挂钢丝网</td><td>轻体墙抹灰前必须满挂钢丝网，搭接宽度不小于50mm，转角处禁止断开</td><td>卷尺
目测</td><td></td></tr>
<tr><td rowspan="2">新建墙体</td><td>过梁</td><td>宽度超过 300mm的洞口上部，要设置过梁，过梁两边各搭墙距离不小于150mm。过梁的宽度与轻体墙同宽</td><td>目测</td><td></td></tr>
<tr><td>垂直度
平整度</td><td>低于 3m的墙体抹灰完成后垂直度小于 4mm，表面平整度小于 4mm</td><td>靠尺
塞尺</td><td></td></tr>
</table>

表 4-2　新建墙体验收

小 结

按照以上标准验收砌墙即可。

第54问 水电改造如何验收？

验收项目	验收标准	验收工具	图例	错误案例
强、弱电箱保护	保护膜切割成电箱盖大小，盖好粘牢	目测		
下水管盖帽	专业保护盖保护	目测		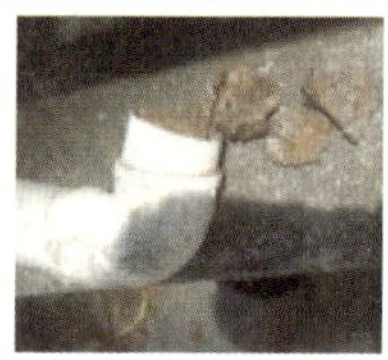
开关面板盖帽	专业保护盖保护	目测	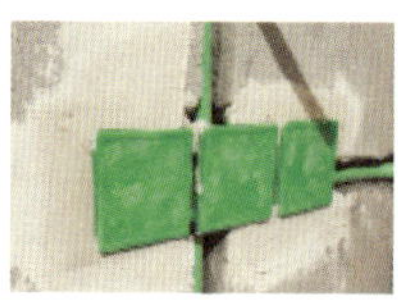	
水电开槽	弹线开槽横平竖直，墙面横向开槽长度不大于300mm（禁止破坏钢筋），顶面开槽大于1m时需开“S”形槽	卷尺	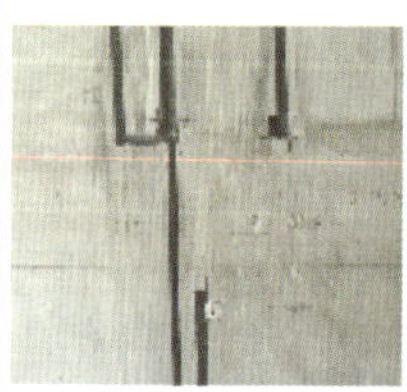	

验收项目	验收标准	验收工具	图例	错误案例
水电路管卡位置	顶面管卡间距600mm，误差20mm；距离热熔点100mm，误差10mm；墙面固定距离管路两端不大于200mm，间距小于600mm	卷尺	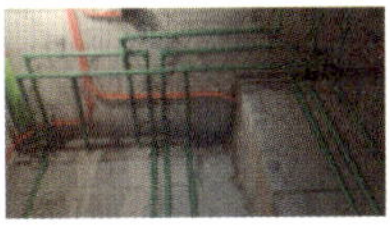	
水路布置	上热下冷，左热右冷；需安装过桥时，过桥必须安装在冷水管上；冷热水管在空间允许条件下平行间距不小于150mm	目测+卷尺	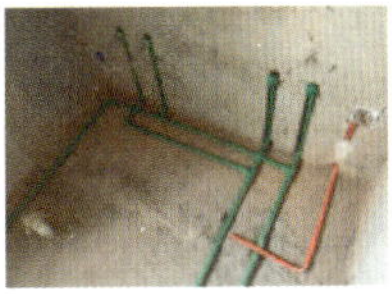	
卫生间内走管要求	地面、过门石下、墙根禁止穿管；水电点均由顶棚干管沿墙下返；新房可将水位从地面走管到顶部，然后由顶部分路	目测		
排水管防噪声	隔音棉包裹密实、牢固	目测		
吊顶内灯线	金属波纹软管保护灯头线	目测	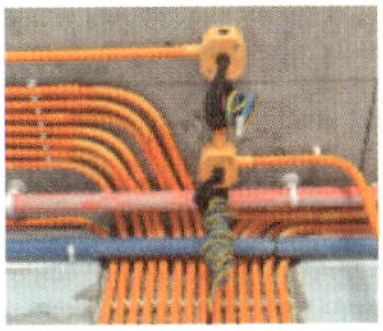	

验收项目	验收标准	验收工具	图例	错误案例
电路穿管	穿入管内导线不可超过3根，2.5mm^{2}线穿直径 16mm穿线管，4mm^{2}线穿直径 20mm穿线管（小于等于 40%）	目测		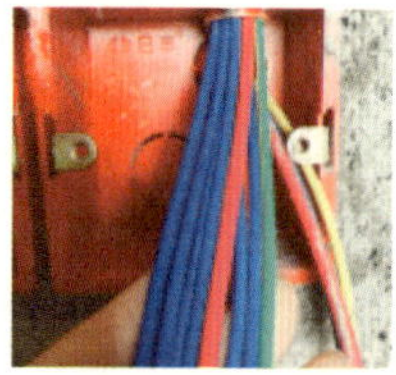
接线方式	裸露线头采用压线帽或绝缘胶带包好	目测	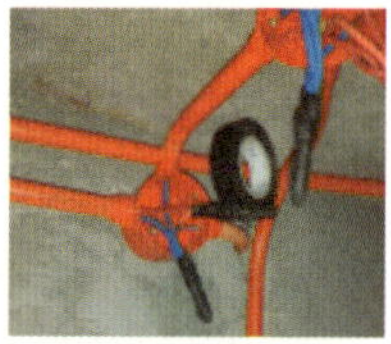	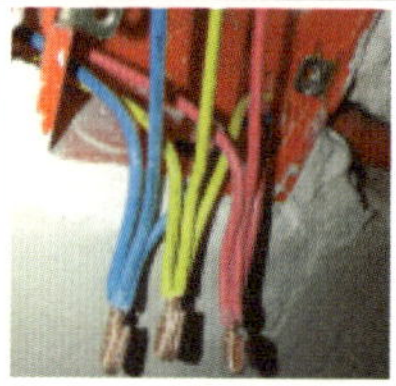
电路摇测	摇表遥测导线间与导线对地间的电阻必须大于 0.5MΩ	摇表		
水路打压	水路铺设完毕后，做打压试验，试验压力为 0.8mpa，时间不少于 1小时，压力下降不大于 0.05mpa；留有影像资料	目测		
屋主签字：	施工方签字：		检查日期：	

表 4-3　验收水电改造要点

小 结

按照以上标准验收水电改造即可。

第55问　防水如何验收？

验收阶段	验收项目	验收标准	验收工具	图例
防水验收	卫生间防水基层	墙面抹灰处理，无凹凸不平、起砂、空鼓、开裂等现象；阴角部位设置倒角；地面找平层按照 1%的坡度找坡	目测	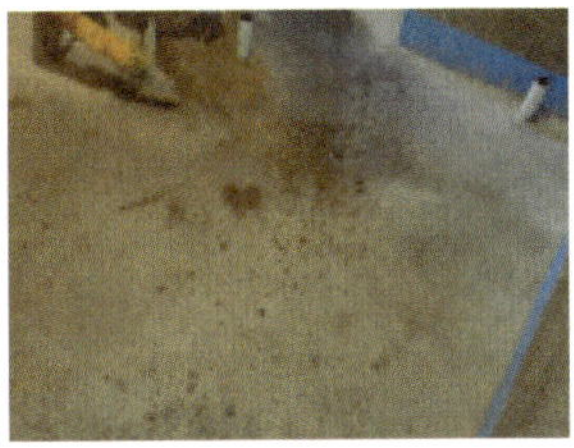
	卫生间过门石反坎	使用 1:2水泥砂浆、瓷砖粘接剂湿贴过门石并将过门石与门洞内测添堵密实，安装过门石后涂刷防水	目测	
	卫生间防水加强工艺	墙角部位增设附加层；水电开槽内清理干净后下管前做好防水槽，每侧翻边 50mm	目测 卡尺	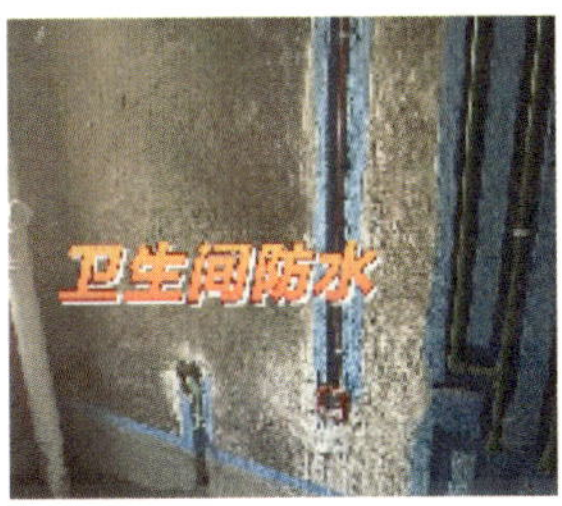

验收阶段	验收项目	验收标准	验收工具	图例
防水验收	地漏处防水处理	将高出地面的地漏处下水管切除，地漏管洞处先做局部防水两遍，防水层要刷到排水管内壁20mm以上	目测	
	卫生间防水施工要求	涂刷均匀，且至少刷两遍（后涂刷的方向与前一层涂刷方向垂直）；墙面防水收口平直、规整；全屋高度1.8m，包括门口内侧（以上高度是地面完工后的高度）	目测	
	闭水试验	做完防水后必须做闭水试验，水深不小于20mm，闭水时间不低于24小时；保留影像资料	目测	
屋主:		施工方:		检查日期:

表4-4 验收防水要点

小结

按照以上标准验收防水即可。

第56问　木工如何验收？

验收阶段	验收项目	验收标准	验收工具	图例
木工	轻质隔断、龙骨架	现场外观检查，并核对主辅材品牌；门窗或特殊节点处安装附加龙骨等加强措施；隔音、隔热材料填充密实	目测手摸	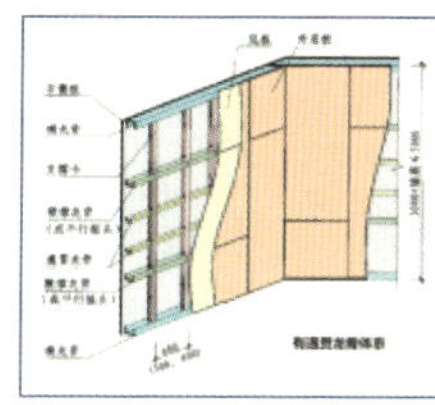
	轻钢吊顶、龙骨架	现场外观检查，并核对主辅材品牌；吊杆安装完成后做承重检测；灯具安装重量超过3kg时需加设龙骨固定装置；主龙骨安装间距不得大于 1000mm，副龙骨安装不得超过400mm；龙骨铺设完成进行整体性检测，无晃动	5 m 钢卷尺、目测、手摸	
	轻质隔断、饰面板	现场外观检查，并核对主辅材品牌；板缝拼接，石膏板与板之间留有 5mm~8mmV字缝隙；表面平整度偏差不超过 2mm；阴阳角方正偏差不超过 2mm	2 m 靠尺、楔形尺	

验收阶段	验收项目	验收标准	验收工具	图例
木工	轻钢吊顶、饰面板	现场外观检查，并核对主辅材品牌；板缝拼接，石膏板与板之间留有 5mm~8mmV字缝隙；表面平整度偏差不超过 2mm；使用双层板施工，并且错缝固定；石膏板拐角位置要求用整	2 m 靠尺、水平仪	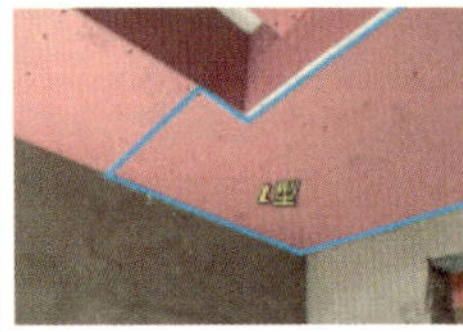
	石膏线	现场外观检查，并核对主辅材品牌；转角接缝要 45°角拼接，接缝严密吻合；装饰线安装的基层必须平整坚实，不得在有灰尘或颗粒的基层上安装装饰线，不得有松动基层，装饰线不得随基层起伏；石膏拼花完整一致	水平仪	
	打底处理	打底板材安装固定牢固；表面平整，边角垂直	2m靠尺	
屋主:		施工方:		检查日期:

表 4-5　验收木工要点

小 结

按照以上标准验收木工即可。

第57问　瓦工如何验收？

验收阶段	验收项目	验收标准	验收工具	图例
墙地砖、地面找平	水电标示线	厨、卫插座位置处、水点处均设置水电标示线	目测	
	混水阀出水口高度	出水口中心距离地面1000mm~1100mm	5m钢卷尺	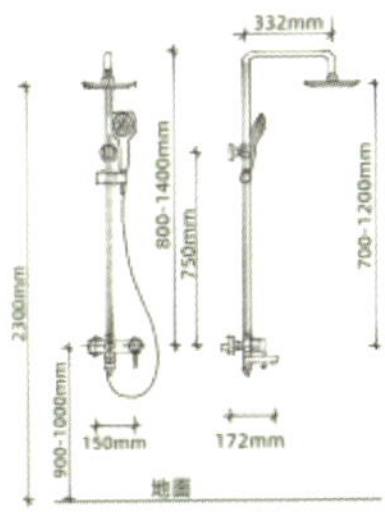
	内丝弯头	内丝弯头出墙面、高度一致	直尺	
	混水阀出水口间高度差	两个出水口中心高度差不超过2mm	5m钢卷尺	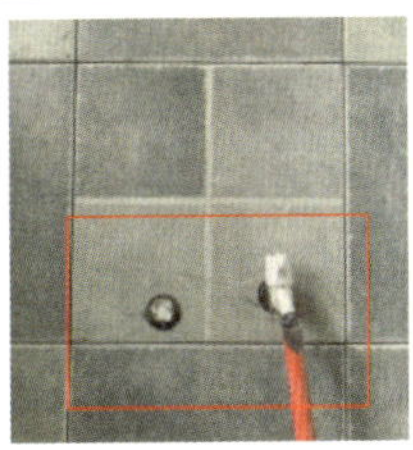

验收阶段	验收项目	验收标准	验收工具	图例
墙地砖、地面找平	马桶上水口位置	下水孔中心左侧 300mm，距离地面 200mm	5m钢卷尺	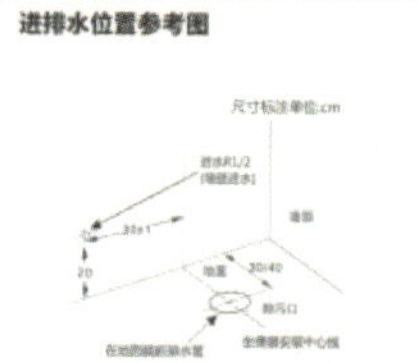
	厨、卫阴阳角方正度	方正度不超过 3mm	角尺	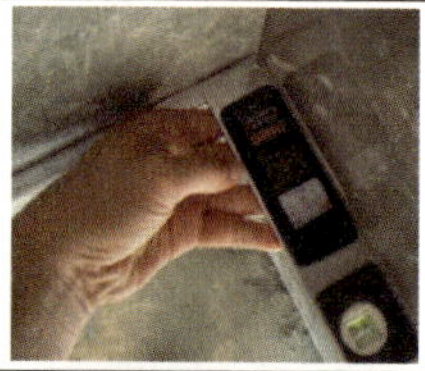
	瓷砖墙面平整度	2m靠尺误差不超过 2mm	2m靠尺、楔形尺	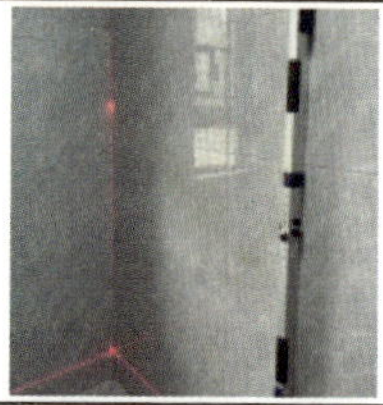
	瓷砖墙面垂直度	2m靠尺误差不超过 2mm	水平仪	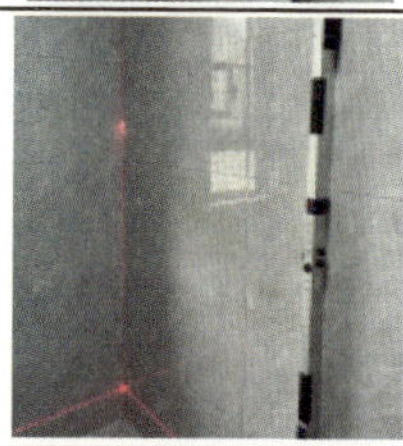
	墙地砖砖缝	砖缝高低差不超过 0.5mm	直尺 塞尺	
	墙地砖砖缝缝宽均匀度误差	缝宽均匀度误差不超过 1mm	直板尺	

验收阶段	验收项目	验收标准	验收工具	图例
墙地砖、地面找平	墙地砖空鼓	边长大于300mm单砖空鼓不大于15%，边长小于300mm单砖空鼓不大于10%，整体不大于5%	响鼓锤	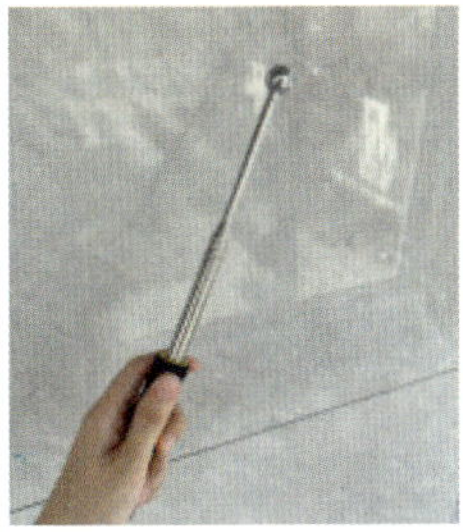
	地漏回字形	标准回字形	目测	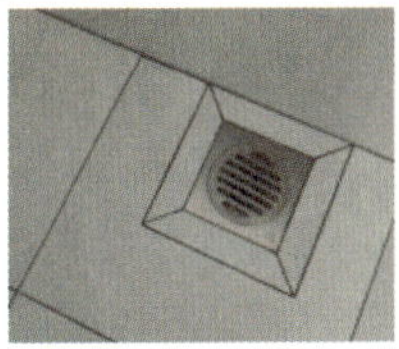
	卫生间地面找坡	0.5%~1%坡度，排水顺畅	/	
	止逆阀	安装稳固，无松动，在吊顶前安装完毕	目测	
	水泥砂浆找平地面平整度	2m靠尺不超过3mm	2m靠尺、楔形尺	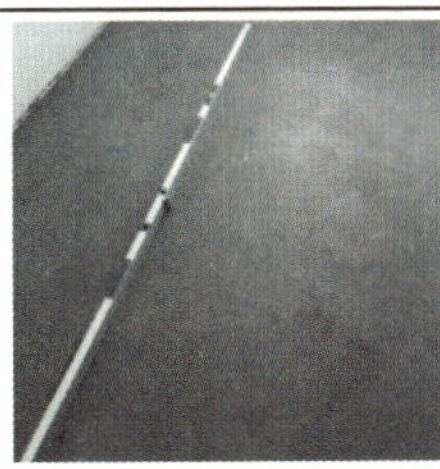
屋主：		施工方：		检查日期：

表 4-6 验收瓦工要点

小结

按照以上标准验收瓦工即可。

第58问 乳胶漆如何验收？

验收阶段	验收项目	验收标准	验收工具	图例	错误案例
油工	门洞尺寸	目测选取高度、宽度、厚度偏差最大及最小处进行测量，与木门复尺尺寸进行比较，洞口高度（顶面与地面饰面完成面距离）、宽度允许误差负 5mm、正 10mm，厚度允许误差正 15mm	5m钢卷尺	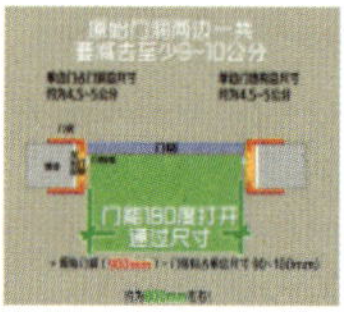	
	门洞口正侧面垂直度	误差不超过 5mm（老房），误差不超过 3mm（新房）	2m靠尺、楔形尺	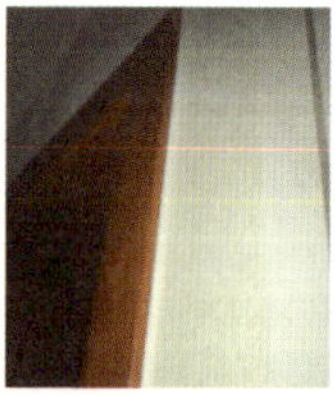	

验收阶段	验收项目	验收标准	验收工具	图例	错误案例
油工	墙面平整度	2m靠尺误差不超过 3mm	2m靠尺、楔形尺		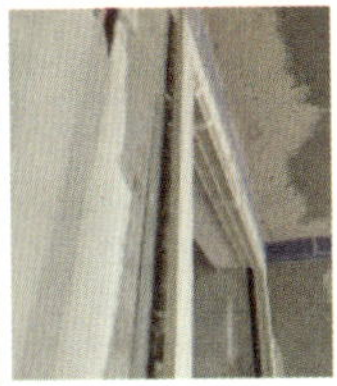
	贴脸线处墙面平整度	误差不超过1mm	2m靠尺、楔形尺		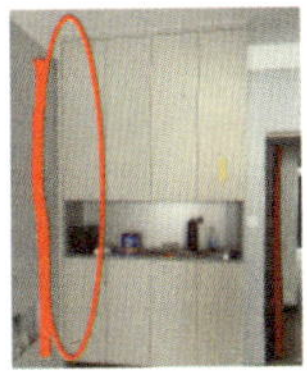
	距地面20cm墙面平整度	误差不超过2mm	2m靠尺、楔形尺		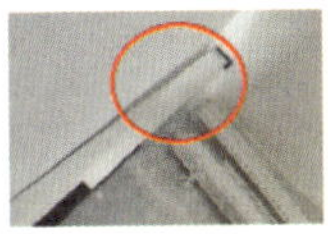
	涂刷乳胶漆	无色差、平整、裂纹、返碱、咬色、刷纹、起泡、漏涂等，大面无，小面少量轻微	目测、手摸		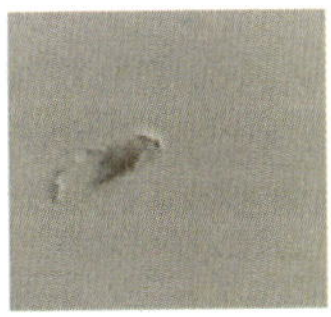
屋主:		施工方:		检查日期:	

表 4-7　验收乳胶漆要点

小结

按照以上标准验收乳胶漆即可。

第59问 成品安装如何验收？

验收类型	序号	项目	验收标准	检查工具
马桶	1	整体	整体无破损、划痕	目测
	2	上水管	无打结、死折	目测
	3	马桶功能	各功能正常，无渗水、滴漏	目测
	4	马桶底座	不晃动，打胶均匀流畅	目测
吊顶	1	吊顶整体	整体无破损、划痕；扣板不透光，缝隙均匀，边条切角整齐；整体高低差在3mm以内	5m钢卷尺
	2	边条	边条收口美观，打胶均匀流畅	目测
	3	开孔	切割线条均匀美观，半嵌热水器孔边距热水器 25mm~30mm	5m钢卷尺
	4	交界面	吊顶与墙面交界处干净整洁无污染	目测
五金	1	花洒 龙头 水槽	表面无破损、划痕；功能试用正常，无渗水、漏水	目测
地板	1	整体	表面无划痕、破损；无起鼓、无空宣、无响动，平整度不超过 3mm	靠尺 楔形尺
	2	地板接缝宽	空隙不超过 0.5mm	5m钢卷尺
	3	踢脚线与面层间隙	空隙不超过 1mm	楔形尺
	4	踢脚线	与墙面空隙不超过 1mm	楔形尺

验收类型	序号	项目	验收标准	检查工具
门	1	整体	表面无破损、划痕、磕碰等	5m钢卷尺
	2	门套垂直度	门套正面、侧面垂直度不超过 2mm	楔形尺
	3	门缝	上缝不超过 3mm；侧缝 2mm~4mm（或 3mm~3mm）；下缝卧室 5mm~8mm，厨卫 8mm~12mm（含）	楔形尺
	4	合页	平整无缝，螺钉齐全，隐于合页平面，合页开启灵活自如	目测
	5	门锁	紧固，开锁自如无响动，配件安装齐全	目测
柜体	1	整体	内外无破损、划痕；柜门开启流畅	目测
	2	吊地柜安装	垂直、水平度不超过 2mm，固定到位	靠尺、水
	3	吊顶高度	高度与图允许误差小于 20mm	5m钢卷尺
	4	钉孔	柜体连接钉必须打在铰链底座中间	目测
	5	门板缝	各门板间隙要求平均、对齐，门板之间的间隙为 2mm~4mm；门板与左右侧板边沿的间隙应在 1.5mm左右	楔形尺
	6	地脚	与柜体连接牢固，受力均匀，每只地脚确实着地，柜体跨度大于 800mm需增加地脚。地脚底座半圆部分托住侧板，前面两个地脚底座直线部分朝前	目测
	7	踢脚板	踢脚板与地脚连接牢固，角接处完整，不得有缺口、破损、剥痕，高度适度低于柜体底板下缘	目测
	8	五金件	铰链、合页等无破损、划痕；阻尼灵活，角度小于 15°时应自动关闭	目测
	9	搭载件	水盆、灶具安装位置准确，不晃动，打胶均匀美观	目测
台面	1	整体	台面整体无划痕、破损、磕碰、色差等	目测

验收类型	序号	项目	验收标准	检查工具
台面	2	接缝	台面接合需平整，两块台面无错位，连接紧密	目测
	3	翘曲度	标准翘曲度每米不超过 2.5mm，整体平整度误差不超过 3 mm	靠尺、楔形尺
屋主：		施工：	材料：	日期：

表 4-8　验收成品安装要点

小 结

按照以上标准验收成品安装即可。

第60问　精装房如何验收？

1. 门、窗、锁

序号	验收内容	标准
入户门		
1	指纹开锁	测试十次都能开启，门锁安装牢固，位置准确
2	钥匙开锁	顺利开启
3	外表及垂直度	光洁无缺陷，铰链光洁无锈斑，安装牢固。门套垂直度误差不超过 4mm
4	开启灵活性	门扇顺利开启闭合，不受阻滞
5	间隙测试	门与门槛间隙 4mm~5mm。门与门套间隙不超过 3mm

序号	验收内容	标准
6	门吸	安装牢固，限位准确
卧室		
1	门外表及垂直度	光洁无缺陷，合页光洁无锈斑，安装牢固。门套垂直度误差不超过 4mm
2	门开启灵活性及门锁	顺利开启闭合，不受阻滞。门锁使用正常，外观无缺陷
3	门吸	安装牢固，限位准确
4	窗外表及垂直度	完好无划痕、豁口、变形
5	窗开启灵活性	顺利开启闭合，不受阻滞
6	窗关闭密封性	无缝隙
7	阳台落地窗玻璃	有 3ccc标志，没有爆边、碎裂、磨花
8	阳台护栏玻璃	有 3ccc标志，没有爆边、碎裂、脱胶、磨花
9	卧室窗玻璃	有 3ccc标志，没有爆边、碎裂、磨花
卫生间		
1	门外表及垂直度	光洁无缺陷，合页光洁无锈斑，安装牢固
2	开启灵活性及门锁	顺利开启闭合，门锁使用正常，外观无缺陷
3	门吸	安装牢固，限位准确
4	窗玻璃	有 3ccc标志，没有爆边、碎裂、磨花
5	卫生间门玻璃	有 3ccc标志，没有爆边、碎裂
厨房		
1	外表及垂直度	光洁无缺陷，合页光洁无锈斑，安装牢固。门套垂直度误差不超过 4mm
2	门开启灵活性及门锁	顺利开启闭合，门锁使用正常，外观无缺陷
3	门吸	安装牢固，限位准确
4	窗玻璃	没有爆边、碎裂、磨花
5	厨房移门玻璃	有 3ccc标志，没有爆边、碎裂、磨花

表 4-9 精装房如何验收门、窗、锁

2. 墙面

序号	验收内容	标准
1	客厅、卧室墙纸外观	距离 1.5m正视，不应看出拼缝、污渍、色差。无脱胶、鼓泡、波纹起伏、皱褶、漏贴。和贴脚、门框结合紧密
2	墙纸阴阳角处理	阴阳角处理挺括。无损伤塌陷
3	客厅、卧室墙面垂直度	不超过 4mm
厨房		
1	墙砖外观	光洁完好，无裂纹缺角、空鼓。拼缝顺直
2	平整度	不超过 3mm
3	墙面垂直度	不超过 3mm
卫生间		
1	墙砖外观	光洁完好，无裂纹缺角、空鼓。拼缝顺直
2	平整度	不超过 3mm
3	墙面垂直度	不超过 3mm

表 4-10　精装房如何验收墙面

3. 地面

序号	验收内容	标准
入户		
1	门槛石材外观	光洁完好，无裂纹
2	门槛石材空鼓	无空鼓
客厅		
1	地板外观	无色差，平整、光洁、没有鼓泡、翘边
2	地板平整度	不超过 2mm
3	地板异响	踩踏无空鼓感
4	踢脚线外观	无色差，拼缝严密，钉帽经过处理

序号	验收内容	标准
卧室		
1	地板外观	无色差，平整、光洁、没有鼓泡、翘边
2	地板平整度	不超过 2mm
3	地板异响	踩踏无空鼓感
4	踢脚线外观	无色差，拼缝严密，钉帽经过处理
阳台		
1	地砖平整度	坡向地漏
2	地漏	通畅不堵塞，安装不错位
3	排水	水流迅速向地漏方向流去，无局部积水（泼水测试）
卫生间		
1	地砖外观	光洁完好，无裂纹缺角、空鼓
2	地漏	通畅不堵塞，安装不错位（泼水测试）
3	排水	水流迅速向地漏方向流去，无局部积水（泼水测试）
4	坐便器	打胶紧密不漏水，冲马桶三次检测。型号规格同样板房
厨房		
1	地砖外观	光洁完好，无裂纹缺角、空鼓

表 4-11　精装房如何验收地面

4. 天花、吊顶

序号	验收内容	标准
1	层高测试	测试客厅四角，误差在 10mm 以内
2	吊顶外观	表面平整，无污染、折裂、缺棱，掉角，锤痕等缺陷
3	天花涂料	表面无皱皮，起壳，鼓泡，流坠，粒子；无明显透底，色差，泛碱，返色
4	厨房、卫生间吊顶	吊顶与边框接缝紧密，表面平整美观

表 4-12　精装房如何验收天花、吊顶

5. 强弱电

序号	验收内容	标准
1	漏电保护	测试验电器，漏电保护功能正常
2	左零右火测试	测试面板插座零火线，左零右火
3	等电位连接测试	等电位连接箱内接线牢固、无锈蚀
4	厨房防溅插座	厨房采用防溅插座
5	卫生间防溅插座	卫生间全部采用防溅插座
6	开关面板	安装牢固、正确，与墙面结合紧密无缝隙
7	弱电面板	安装牢固、正确，与墙面结合紧密无缝隙
8	可视对讲	外观完好，功能正常
9	配电箱	箱内清洁、导线连接紧固、回路标识清晰，图纸正确
10	多媒体箱	箱内清洁、接线紧固、标识清晰

表 4-13　精装房如何验收强弱电

6. 设施

序号	验收内容	标准
淋浴房		
1	地漏	通畅不堵塞，安装不错位
2	配件外观	光洁无锈斑、划痕
3	配件功能	正常使用，灵活可靠
4	墙面接缝漏水测试	不得有漏水
5	淋浴房玻璃	有 3ccc标志，没有爆边、碎裂、磨花，划痕，密封条完好
卫生间内设施		
1	镜子	光洁完好，没有爆边、碎裂、磨花、划痕、变形

序号	验收内容	标准
2	台下柜	把手、门扇完好，开启方便，五金件安装牢固、无锈蚀
3	台面	台面光洁，无裂纹、砂眼、变色、污垢，台面和台盆、墙面接合处严密不漏水
4	台盆龙头	龙头开闭灵活，出水正常
5	台盆外观	完好光洁
6	台盆溢水测试	最大水量持续放水5分钟，多于水量应可全部从溢水口流走不外溢
7	坐便器冲水测试	放入15张双层卫生纸，可一次冲洗干净
8	浴缸外观功能	完好光洁无缺陷，龙头、五金件光洁无锈斑，出水顺畅，有检修口
9	浴缸地漏排水	排水顺畅，地面无积水
10	浴霸测试	制热功能正常
空调		
1	空调测试	正常运行，穿墙孔洞密封完好、无倒坡
2	与样板房对比	型号、规格与样板房一致
3	冷凝水管	排水顺畅，无倒坡
油烟机		
1	外观功能	外观完好、灯具、抽吸功能完好
2	与样板房对比	型号与样板房一致
消毒柜		
1	消毒柜外观功能	外观完好、抽拉顺畅。消毒时应不能打开消毒柜
2	消毒柜与样板房对比	型号与样板房一致
热水器		
1	外观功能	外观完好，功能正常

序号	验收内容	标准
2	热水器插头距煤气管距离	应当超过 150mm
橱柜台面		
1	门	门扇光洁无划痕、无爆漆、无起皮，开启灵活、关闭严密，五金件安装牢固
2	隔板外观	封边完整，表面平整
3	与墙面缝隙	连接紧密，用硅胶收口
4	金属件	抽屉推拉灵活，拖篮推拉顺畅，五金件安装牢固
5	人造石台面平整度	不超过 2mm
6	人造石台面牢固度	选择最宽的木条支撑间隔处台面，用力下压，不应感觉明显变形
7	洗涤盆	外表光洁无划痕、锈斑；塞住下水口放水，无漫溢
8	水龙头	水龙头外观光洁无瑕疵，出水正常

表 4-14　精装房如何验收设施

小 结

按照以上标准验收精装房即可。

第五章

辅料采购篇

第61问 电线怎么买?

要点分类	要点内容	图例
选购技巧	1.查看是否有 3ccc认证，没有的不要买	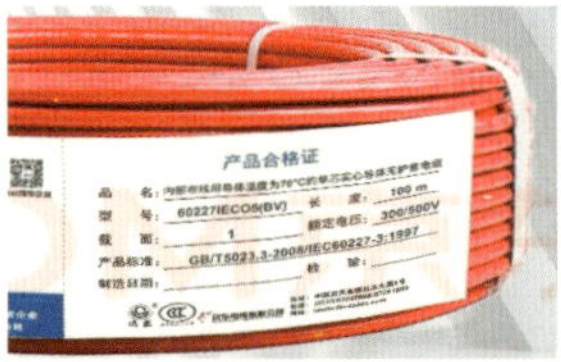
	2.认准国标：GB/T196662005 和国标：GB/T5023.1-2008	
	3.选择 BV线，不选 BVR线	 BV线是单芯的硬铜线，优点是电阻率较低、省电、使用寿命长；缺点是电线较硬，使用难度更大，所以有不少电工为了施工方便不建议业主买 BV线，其实这是不正确的。 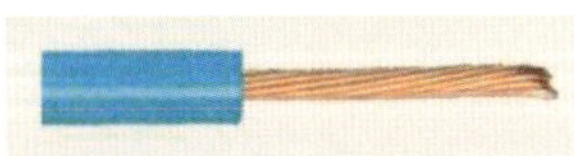 BVR线是由一根导体和七根细铜线绞合而成的软铜线，优点是柔软易施工，缺点是比 BV线电阻率更高，功耗更大

要点分类	要点内容	图例
品牌推荐	远东、熊猫、上上、特变电工、宝胜、珠江、金杯	
电线大小	灯线用 1.5mm²; 普通插座用 2.5mm²; 厨房、卫生间用 4mm²; 空调用 4mm²; 中央空调外机用 4mm²; 即热式热水器用 6mm²; 入户线用 10mm²	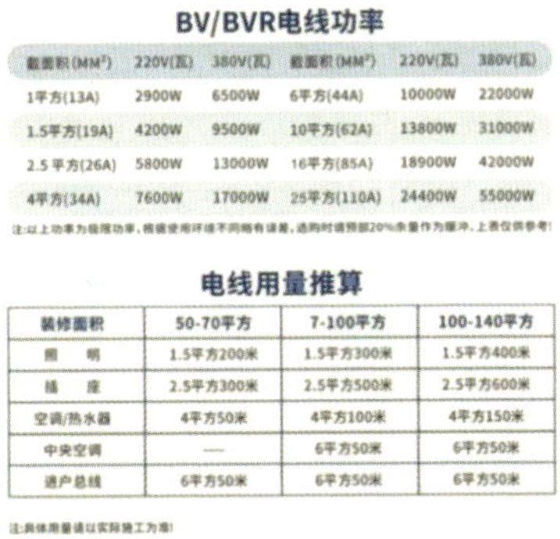

BV/BVR电线功率

截面积(MM²)	220V(瓦)	380V(瓦)	截面积(MM²)	220V(瓦)	380V(瓦)
1平方(13A)	2900W	6500W	6平方(44A)	10000W	22000W
1.5平方(19A)	4200W	9500W	10平方(62A)	13800W	31000W
2.5平方(26A)	5800W	13000W	16平方(85A)	18900W	42000W
4平方(34A)	7600W	17000W	25平方(110A)	24400W	55000W

注:以上功率为极限功率，根据使用环境不同略有误差，选购时请预留20%余量作为缓冲，上表仅供参考!

电线用量推算

装修面积	50-70平方	7-100平方	100-140平方
照　明	1.5平方200米	1.5平方300米	1.5平方400米
插　座	2.5平方300米	2.5平方500米	2.5平方600米
空调/热水器	4平方50米	4平方100米	4平方150米
中央空调	—	6平方50米	6平方50米
进户总线	6平方50米	6平方50米	6平方50米

注:具体用量请以实际施工为准!

表 5-1 购买电线要点

小结

按照以上标准购买电线即可。

第62问 水管怎么买?

要点分类	要点内容	图例
选购技巧	1.检查管身标识是否清晰，厂家、材质、规格、生产日期、防伪代码等	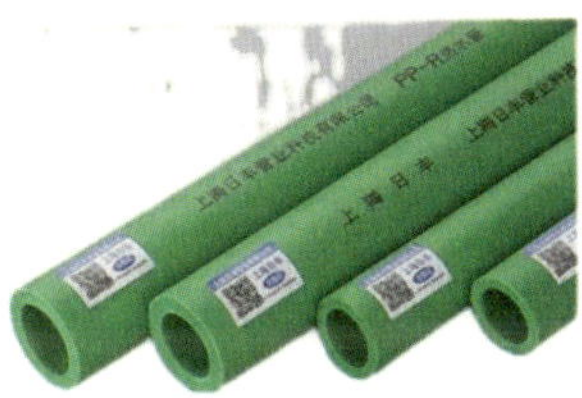

要点分类	要点内容	图例
选购技巧	2.是否符合国家标准：GB/T18742.2-2017	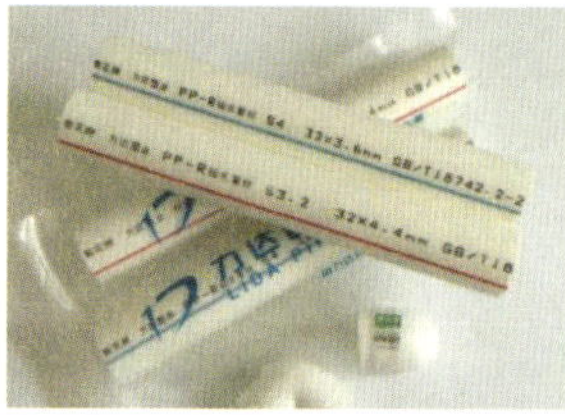
	3.选择 PPR水管就行，抗菌、杀菌等没必要	
	4.是选 20mm的还是 25mm的管，要看你的进户水管是多大的	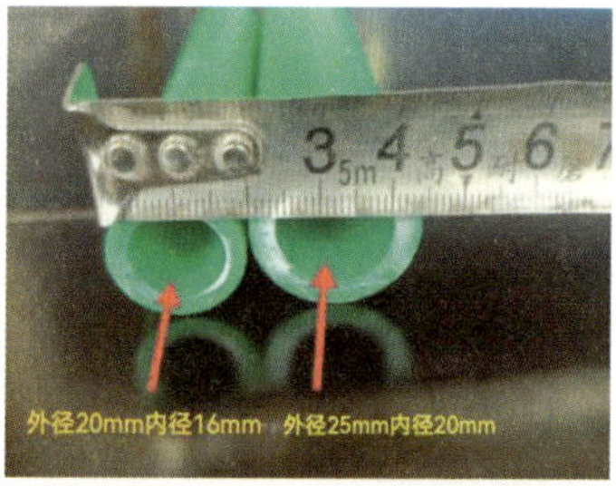
	5.建议都选择热水管，不用单独选择冷水管	
品牌推荐	日丰、保利、联塑、中财、金德等	

表 5-2　购买水管要点

小 结

按照以上技巧购买水管即可。

第63问 瓷砖胶怎么买?

德高瓷砖胶				
产品型号	等级	执行标准	陶瓷砖规格(mm)	价格(元)
TTB型	预拌砂浆	GBT5181-2019《预拌砂浆》	300×300以下	不建议买
TTB11型	Cl	JCT547-2017《陶瓷砖胶粘剂》	400×800及以下	35
大理石纯白(石材)	Cl	JCT547-2017《陶瓷砖胶粘剂》	400×800及以下	60
大砖宝	CIT	JCT547-2017《陶盗砖胶粘剂》	400×800、800×800	70
玻化砖	C2	JCT547-2017《陶瓷砖胶粘剂》	800×800及以下	75
超大板柔性	C2TS1	JCT547-2017《陶瓷砖胶粘剂》	1200×2400及以下	110
东方雨虹瓷砖胶				
产品型号	等级	执行标准	陶瓷砖规格(mm)	价格(元)
C90/C100	预拌砂浆	GBT5181-2019《预拌砂浆》	300×300以下	不建议买
C200	Cl	JCT547-2017《陶瓷砖胶粘剂》	300×600及以下	32
防霉无尘大砖瓷砖胶	Cl	JCT547-2017《陶瓷砖胶粘剂》	300×600及以下	45
C300(石材)	C1T	JCT547-2017《陶瓷砖胶粘剂》	800×800及以下	60

东方雨虹瓷砖胶				
产品型号	等级	执行标准	陶瓷砖规格(mm)	价格(元)
C400	C2	JCT547-2017《陶瓷砖胶粘剂》	900×900 600×1200 750×1500	80
C500	C2TS1	JCT547-2017《陶瓷砖胶粘剂》	900×1800 800×2600 1200×2400	100

金颐低碳瓷砖胶				
产品型号	等级	执行标准	陶瓷砖规格(mm)	价格(元)
强力型	预拌砂浆	GB/T25181-2019《预拌砂浆》	300×300以下	25
负离子二型	Cl	JCT547-2017《陶瓷砖胶粘剂	300×600及以下	30
C200低碳瓷砖胶	C1	JCT547-2017《陶瓷砖胶粘剂》	400×800及以下	35
C260外墙专用胶	CIT	JCT547-2017《陶盗砖胶粘剂》	800×800及以下	45
C300低碳大板胶	C2TE	JCT547-2017《陶瓷砖胶粘剂	750×1500及以下	60
C500柔性岩板胶	C2TES1	JCT547-2017《陶瓷砖胶粘剂》	900×1800 800×2600 1200×2400	100

马贝瓷砖胶				
产品型号	等级	执行标准	陶瓷砖规格(mm)	价格(元)
马贝瓷砖胶 C1T	C1T	GBT5181-2019《预拌砂浆》	1200×600及以下	72
高效瓷砖胶	C2TE	JCT547-2017《陶瓷砖胶粘剂》	1200×600及以下	85

马贝瓷砖胶				
产品型号	等级	执行标准	陶瓷砖规格（mm）	价格（元）
增强型石材及玻化砖	C2TE	JCT547-2017《陶瓷砖胶粘剂》	1200×600及以下	115
S1高柔瓷砖胶	C2TES1	JCT547-2017《陶瓷砖胶粘剂》	900×1800 800×2600 1200×2400	150
S2高柔瓷砖胶	C2TES2	JCT547-2017《陶瓷砖胶粘剂》	欧松板上贴大砖专用	680

表 5-3　瓷砖胶选购指南

说到瓷砖胶就不得不提到背胶，背胶这个产品不推荐使用，可以用瓷砖胶进行薄贴。确实需要使用的，务必去买双组分背胶，千万别用单组分背胶，空鼓脱落风险很大。

小 结

按照以上标准购买瓷砖胶即可。

第64问　石膏板、龙骨怎么买？

1. 石膏板

①分类：有普通石膏板和耐水石膏板，一般装修吊顶和隔墙用普通石膏板，卫生间和厨房吊顶用耐水石膏板。

②选购技巧：有细纤维丝的，孔隙密度高的，石膏发白的。

③推荐品牌：泰山、龙牌、圣戈班、可耐福。

2. 龙骨

①常用的龙骨有轻钢龙骨和木龙骨，建议选择轻钢龙骨，木龙骨容易变形、开裂。

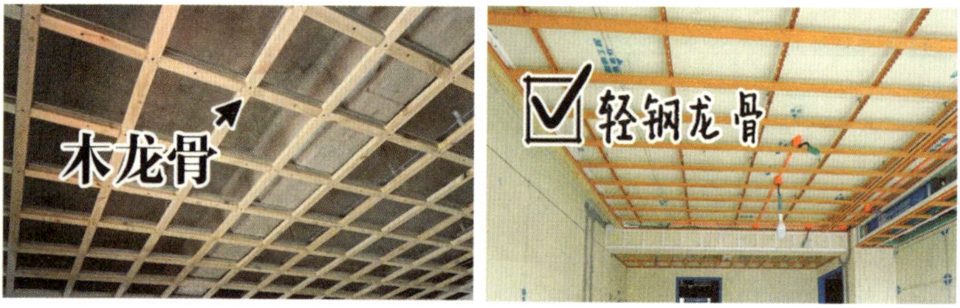

图 5-1 木龙骨与轻铜龙骨对比

②轻钢龙骨常用的材料有：边龙骨、副龙骨、卡式龙骨，厚度选 0.45mm 以上的。

③推荐品牌：泰山、龙牌、圣戈班、可耐福。

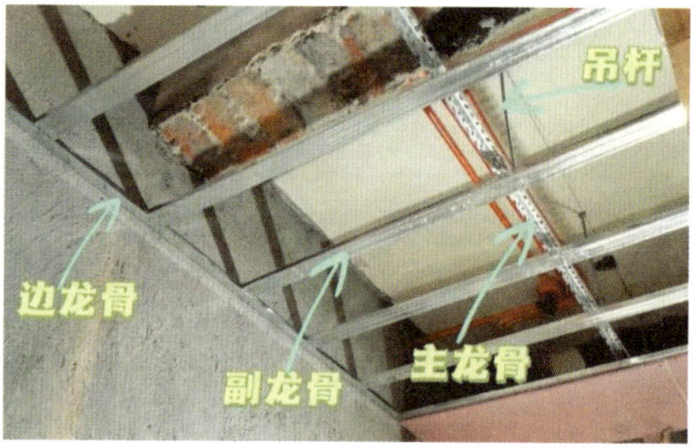

图 5-2 轻钢龙骨常用材料图

小结

按照以上标准购买石膏板、龙骨即可。

第65问 防水材料怎么买?

一般来说，防水材料家装用的是丙纶型和涂料型，我们选择防水涂料就可以了。

防水涂料又分为刚性防水涂料和柔性防水涂料。墙面一定要选择刚性防水涂料，地面选择柔性防水涂料。千万不能为了省事，墙面和地面就用一种涂料，因为墙面用柔性涂料后，瓷砖脱落的风险很大。

其中，聚合物水泥防水浆料的执行标准是 TC/T2090-2011，就是我们所说的刚性防水，用于墙面；聚合物水泥防水涂料的执行标准是 GB/T23445-2009，这是柔性防水，用于地面。

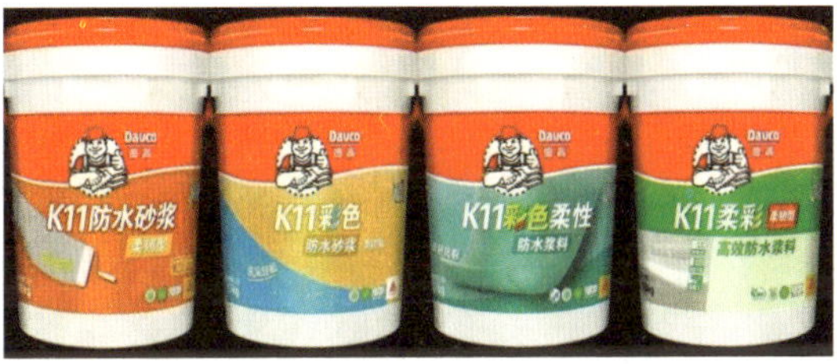

图 5-3 防水材料

另外，再推荐一些防水材料的品牌：德高、东方雨虹、马贝、西卡、卓高、立邦、三棵树、远大洪雨等。

小结

按照以上标准购买防水材料即可。

第66问 腻子粉怎么买?

1. 品牌推荐

腻子粉跟环保有关，一定要选择大品牌，比如，立邦、圣戈班、美巢、德高、汉高百得、马贝、多乐士、三棵树、生态家园、舒尔茨等。

2. 环保执行标准

是否执行 JC/T298-2010 和 GB 18582-2020 这两个标准。

3. 腻子的种类选择

在执行标准里面 JC/T298-2010（Y）表示一般腻子；JC/T298-2010（N）表示耐水腻子；JC/T298-2010（R）表示柔性腻子。

图 5-4　品牌腻子粉

4. 查看生产日期

腻子的保质期一般为 12 个月。

5. 粉刷石膏、腻子粉和嵌缝石膏的用途

粉刷石膏是用来粗找平、补洞、遮瑕的；腻子是用在表面的；嵌缝石膏是用来补石膏板中间的缝隙的。

6. 腻子使用注意事项

如果是好的成品腻子是不需要加胶水的。如果用差的腻子，为了保证施工完不开裂，装修公司在施工时会加入大量的 801 胶水（或者 107 胶水、108 胶水）；而有些工人为了施工方便也会加入 801 胶水（或者 107 胶水、108 胶水），但这些胶水含有大量的甲醛，是不允许使用的。

7. 腻子粉用量的计算

需要刮腻子的面积是建筑面积的 2.5 倍，而腻子粉的用量是需要刮腻子的面积的十分之一。

小结

按照以上标准购买腻子粉及用量即可。

第67问 玻璃胶怎么买?

一支 300ml 玻璃胶一般能打出宽 5mm、长 12m~15m 的胶条；正常家装卫生间用一到两支，厨房用一支。

门窗缝隙及踢脚线密封等需测量打胶边长来计算所需玻璃胶数量（详情可咨询客服）。

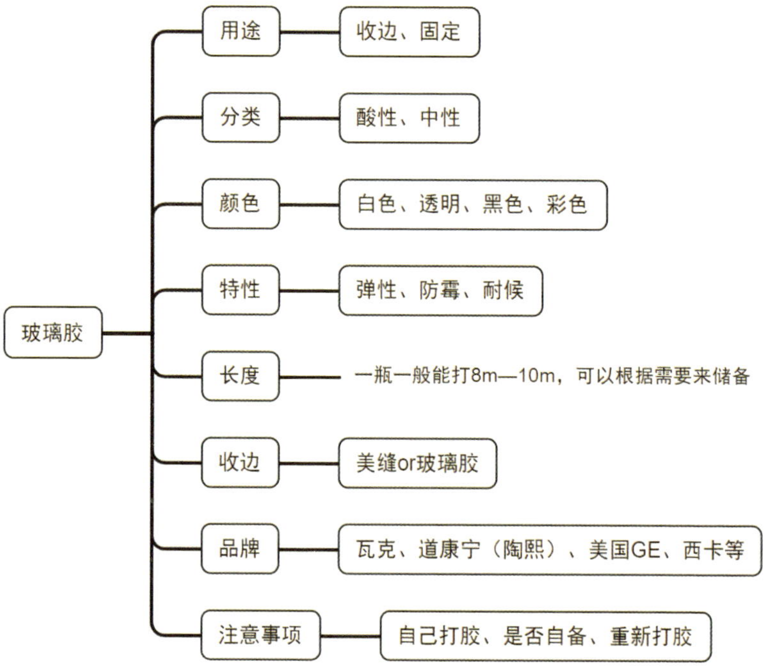

图 5-5　购买玻璃胶要点

一般来说，一室一厅建议用四支玻璃胶，两室一厅建议用五支玻璃胶，三室一厅建议用六支玻璃胶。

小结

按照以上标准购买玻璃胶即可。

第六章

主材采购篇

第68问 瓷砖怎么买?

要点分类	要点内容
怎么看广东砖	看外包装的生产地址是不是在广东，同时看生产批次和代码
	看瓷砖背面的 logo钢印
如何辨别好坏	选择优等品
	选全瓷砖，吸水率小于 0.5%
	敲击瓷砖，有金属音、清脆的好，听着沉闷的不好
	油性笔测试，等 10分钟能轻松擦干净
	平整度检测，拿两块砖放一起看有没有高低差和缝隙
注意事项	选择小花纹的、简单纹路的，不要选择大花纹、纹路多的
	选择浅色的，尽量不要选择深色的
	拿到店外面找自然光看颜色，店里射灯对颜色影响大
	有没有搬运费、上楼费；补货、退货怎么算
品牌推荐	省钱的就不要看品牌
	性价比：亚细亚、冠珠、大将军、萨米特
	高品质：简一、诺贝尔、欧神诺
价格	800mm×800mm的瓷砖： 一线 50元 ~60元；二线 40元 ~50元；不知名 20元 ~40元
	750mm×1500mm的瓷砖： 一线 120元 ~150元；二线 80元 ~100元；不知名 60元 ~80元

表 6-1 购买瓷砖要点

小 结

按照以上标准购买瓷砖即可。

第69问　地漏怎么买?

要点分类	要点内容
滤芯怎么选	深水封地漏、磁悬浮地漏、重力感应地漏、T型地漏
	在下水管没有存水弯的时候选深水封地漏，有存水弯时不选
	不推荐磁悬浮地漏、重力感应地漏，因为会缠头发，很麻烦
	推荐重力开合的地漏，排水快，清理方便
	如果洗衣机地漏是单独的，选全封闭式的
	不要选极窄长条地漏，因为清理头发很麻烦
	材质选择黄铜的，不选不锈钢的
注意事项	地漏安装不能虚高，不然容易漏水、返臭 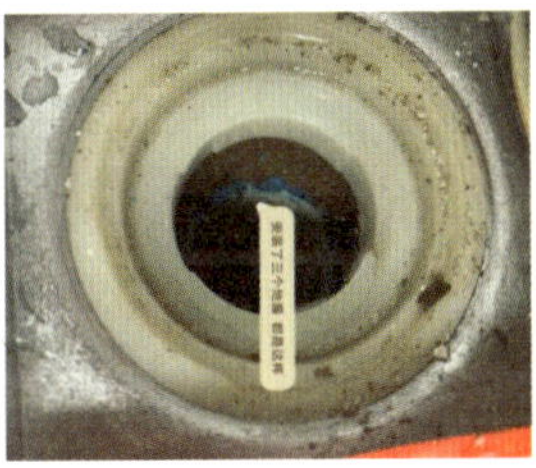
品牌推荐	潜水艇、老铜匠、九牧、科勒、吉博力、畅巧、顺福、箭牌、伟星
价格	一般 10cm×10cm的 T型地漏，黄铜材质，4mm厚，价格买 80元 ~120元就差不多

表 6-2　购买地漏要点

小 结

按照以上标准购买地漏即可。

第70问 乳胶漆怎么买?

要点分类	要点内容
看执行标准	符合 GB 18582-2020
看检测报告	限量游离甲醛不超过 50mg/L，VOC不超过 80g/L，苯不超过 100mg/L
看物理性能	耐擦洗和对比率越高越好，越耐擦漆膜越厚，看执行标准 GB/T9756-2018，选优等品，耐擦洗要达到 6000次
防霉乳胶漆	有小孩的家庭不要用，防霉剂有毒
花哨的不要买	竹炭、净味、零添加、抗甲醛等，后缀越多越是智商税、性价比低
注意别买到假货	路边摊、杂货店、小五金店不要去，要去有授权的专卖店和网上旗舰店买
看生产日期	乳胶漆也有保质期，一般是 36个月，过期的不能用
选哑光漆	乳胶漆有哑光和蛋壳光，一般我们选择哑光，性价比高；蛋壳光虽好但是价格高了三四倍，一般不推荐
儿童漆买不买	一般不需要，除了耐擦洗更高，其余环保指标基本差不多，但是价格差了三四倍
价格、品牌推荐	预算紧张买二合一，价格 250元左右 一般推荐买五合一，价格 500元 ~600元 推荐品牌：立邦、多乐士、三棵树

表 6-3　购买乳胶漆要点

小 结

按照以上标准购买乳胶漆即可。

第7问 开关插座怎么买?

要选	不选	要选	不选
 哑光面板质感更好	 亮光面板塑料感强显得廉价，容易留指纹	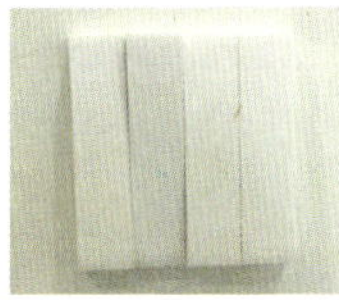 无边框，面板简洁美观，接触面积大，操作方便	 有框、小面板、款式小，接触面积小，操作不方便
 斜五孔，使用效率更高	 正五孔，基本只能使用一个	 有水区域安装防溅盒，使用更安全	 不装防溅盒，安全隐患大
 厨房带开关，使用更方便	 厨房不带开关，每次插拔不方便	 床头选四孔插座，三孔很少用到	 带 USB的充电慢
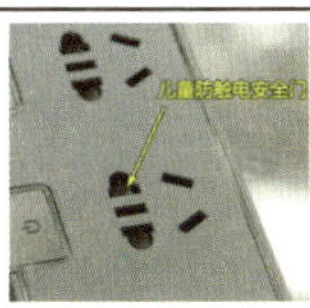 选带安全保护门的，不用担心小孩触电	 不带安全保护门的存在安全隐患	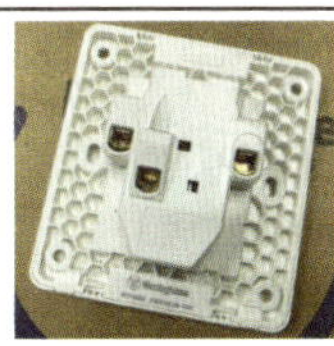 PC背板耐热性和绝缘性更好	 钢架内板看着耐用实际不好

表 6-4 购买开关插座要点

房间	开关插座	数量	配置	安装位置	离地距离（cm）	用途
主卧	开关	1	三开三控	进门	140	主卧主灯 衣帽间灯×2
	开关	1	三开三控	里侧床头柜	80	主卧主灯 衣帽间灯×2
	开关	1	三开三控	转角床头梳妆台上方	105	主卧主灯 衣帽间灯×2
	插座	1	四孔	里侧床头柜	80	手机 台灯
	插座	1	斜五孔	里侧床头柜	80	手机 台灯
	插座	1	四孔	转角床头梳妆台上方	105	手机 台灯 美容仪
	插座	1	斜五孔	转角床头梳妆台上方	105	手机 台灯 美容仪
	插座	2	斜五孔	床尾	30	风扇 电蚊香
	插座	1	一开三孔	床尾里侧上方	220	挂机空调
	插座	1	四孔	飘窗书桌上方	105	台灯
	插座	1	斜五孔	飘窗书桌上方	105	台灯
	插座	1	斜五孔	飘窗书桌下方	30	台灯
	插座	1	网线	飘窗书桌下方	30	电脑

房间	开关插座	数量	配置	安装位置	离地距离（cm）	用途
主卧	插座	1	斜五孔	L型衣帽间靠墙高柜	140	挂烫机
	插座	1	投影仪	顶面下方	顶面下方30	投影仪
	插座	1	斜五孔	窗帘盒下方	窗帘盒下50	电动窗帘
主卫	开关	1	三开单控	主卫门外侧	140	主卫灯 排气扇 镜前灯
	插座	1	防溅一开五孔	洗漱台侧边	140	吹风机 电动牙刷
	插座	1	防溅斜五孔	马桶旁	30	智能马桶
	插座	1	斜五孔	镜柜里	140	备用
客卫	开关	1	双开单控	客卫墙侧边	140	客卫灯 镜前灯
	开关	1	五开单控	客卫墙侧边	140	集成吊顶
	插座	1	防溅一开五孔	洗漱台侧边	140	吹风机
	插座	1	防溅斜五孔	马桶边	30	智能马桶
	插座	1	斜五孔	镜柜里	140	备用
儿童房	开关	1	单开双控	进门	140	灯
	开关	1	单开双控	床头书桌上方	105	灯
	插座	1	四孔	床头书桌上方	105	台灯
	插座	1	斜五孔	床头书桌上方	105	台灯
	插座	1	斜五孔	床头书桌下方	30	风扇 电蚊香

<table>
<tr><th>房间</th><th>开关
插座</th><th>数量</th><th>配置</th><th>安装位置</th><th>离地距离
(cm)</th><th>用途</th></tr>
<tr><td rowspan="2">儿童房</td><td>插座</td><td>1</td><td>斜五孔</td><td>窗帘盒下方</td><td>窗帘盒下
50</td><td>电动窗帘</td></tr>
<tr><td>插座</td><td>1</td><td>一开三孔</td><td>床尾里侧上方</td><td>220</td><td>挂机空调</td></tr>
<tr><td rowspan="8">老人房</td><td>开关</td><td>1</td><td>单开双控</td><td>进门</td><td>140</td><td>灯</td></tr>
<tr><td>开关</td><td>1</td><td>单开双控</td><td>床头</td><td>80</td><td>灯</td></tr>
<tr><td>插座</td><td>1</td><td>四孔</td><td>床头</td><td>80</td><td>手机
台灯</td></tr>
<tr><td>插座</td><td>1</td><td>斜五孔</td><td>床头</td><td>80</td><td>手机
台灯</td></tr>
<tr><td>插座</td><td>2</td><td>斜五孔</td><td>床尾里侧</td><td>30</td><td>风扇
电蚊香</td></tr>
<tr><td>插座</td><td>1</td><td>斜五孔</td><td>窗帘盒下方</td><td>窗帘盒下
50</td><td>电动窗帘</td></tr>
<tr><td>插座</td><td>1</td><td>一开三孔</td><td>床尾里侧上方</td><td>220</td><td>挂机空调</td></tr>
<tr><td rowspan="5">玄关</td><td>总开
关</td><td>1</td><td>单开多控</td><td>入户左侧</td><td>140</td><td>所有灯</td></tr>
<tr><td>开关</td><td></td><td>单开双控</td><td>入户右侧</td><td>140</td><td>入户灯</td></tr>
<tr><td>插座</td><td>1</td><td>斜五孔</td><td>入户鞋柜</td><td>15</td><td>烘鞋机</td></tr>
<tr><td>插座</td><td>2</td><td>斜五孔</td><td>吊顶下</td><td>吊顶下 20</td><td>监控</td></tr>
<tr><td>插座</td><td></td><td>斜五孔</td><td>入户鞋柜</td><td>120</td><td>备用电器</td></tr>
<tr><td rowspan="4">餐厅</td><td>开关</td><td>1</td><td>三开双控</td><td>厨房门口</td><td>140</td><td>入户灯
餐厅灯
厨房灯</td></tr>
<tr><td>开关</td><td>1</td><td>双开双控</td><td>厨房门口</td><td>140</td><td>客厅射灯
主灯</td></tr>
<tr><td>面板</td><td>1</td><td>/</td><td>厨房门口</td><td>140</td><td>风管机</td></tr>
<tr><td>插座</td><td>1</td><td>斜五孔</td><td>弱电箱里</td><td>30</td><td>路由器</td></tr>
</table>

房间	开关插座	数量	配置	安装位置	离地距离（cm）	用途
餐厅	插座	1	一开五孔	餐边柜侧边墙角	30	火锅 风扇
	插座	4	一开五孔	餐边柜上方两侧各二	120	小家电
厨房	插座	2	一开五孔	操作台面上方	135	小家电
	插座	2	斜五孔	水槽下方	60	净水器以及厨余垃圾处理器
	插座	1	16A	厨房左侧	50	冰箱
	插座	1	三孔 10A	吊柜内部	180	油烟机
	插座	1	一开五孔	厨房右侧	140	壁挂炉
客厅	开关	1	双开双控	客厅过道后端	140	客厅主灯 过道灯
	插座	2	斜五孔	沙发上方两侧各一	100	手机
	插座	2	斜五孔	沙发下方两侧各一	30	手机 风扇
	插座	2	斜五孔	电视柜下方	30	电视
	插座	2	四孔	电视柜下方	30	电视
	插座	1	网线	电器柜下方	30	路由器
	插座	1	斜五孔	电视柜侧边高柜里	100	吸尘器
	插座	1	斜五孔	电视柜侧边高柜里	30	扫地机器人
阳台	开关	1	三开单控	阳台中间	140	阳台灯 灯带 晾衣杆灯
	插座	2	斜五孔	阳台左侧	30	休闲区

房间	开关插座	数量	配置	安装位置	离地距离（cm）	用途
阳台	插座	1	斜五孔	阳台中间	30	风扇
	插座	3	斜五孔	阳台右侧	30	洗衣机 壁挂洗衣机 小厨宝

表 6-5　全屋开关插座预留表

推荐品牌：施耐德、西门子、公牛、德力西、欧普、罗格朗、正泰等。

开关插座不能省，尽量选择中高端款式，低端款不要选。

小 结

按照以上标准购买开关插座即可。

第72问　马桶怎么买?

要选	不选	要选	不选
	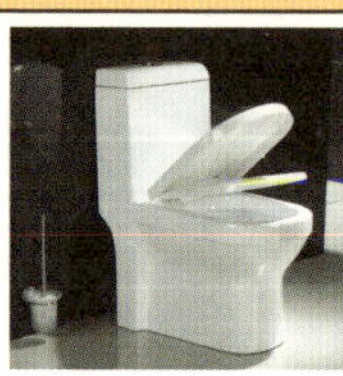	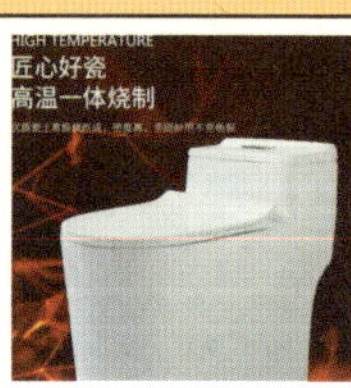	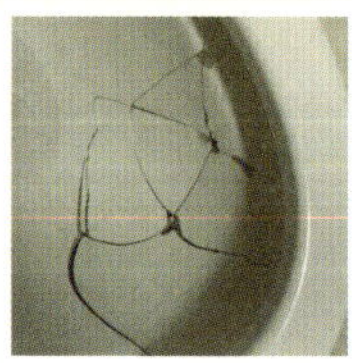
有缓降盖的，拆卸方便、噪声小	没缓降盖的，拆卸不方便、噪声大	高于 1280℃高温烧制的，寿命更长	800℃烧制的，容易发黄开裂，寿命短

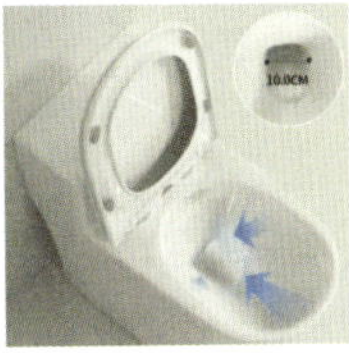 45mm以上管道，不容易堵、好清洁	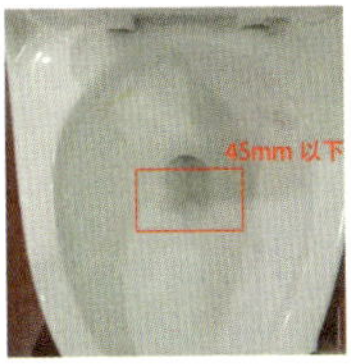 45mm以下管道，容易堵、不好清洁	 优质水件，使用寿命长	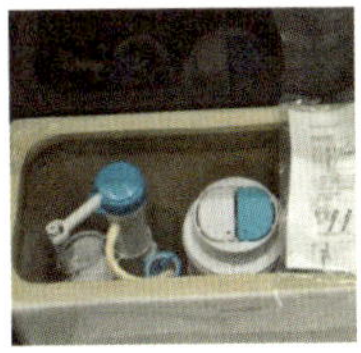 不正规水件，使用寿命短
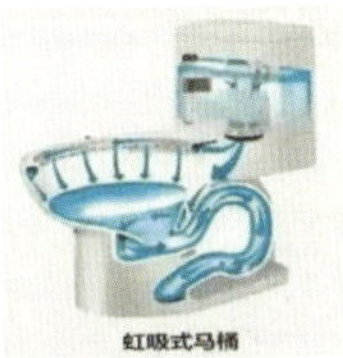 虹吸马桶吸力大、噪声小	 直排马桶吸力小、噪声大	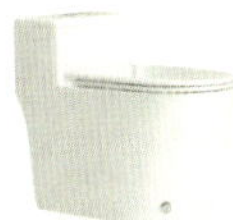 一体马桶不容易漏水	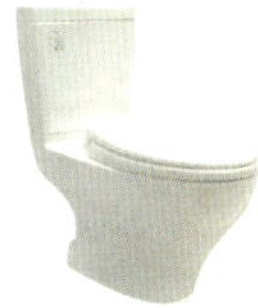 分体马桶藏污纳垢、不好打理
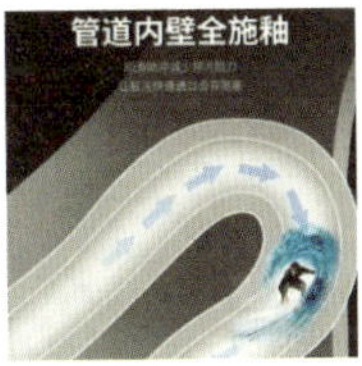 全施釉马桶 表面光滑、好清洗	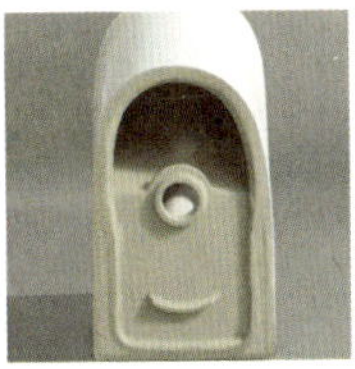 外面施釉马桶 容易发黄、不好清洗	 加大座圈 坐起来更舒服	 小座圈 承托力小、体验差

表 6-6 购买马桶要点

小结

按照以上标准购买马桶即可。

第73问 全屋定制的板材怎么买？

1. 选择知名大品牌还是本地厂家

预算 1000 元 /m² 以下的选本地厂家定做，不要被大品牌的低端套餐所吸引，加价是迟早的事情。

预算 2000 元 /m² 以上的可以选择大品牌，品质确实相当不错。

2. 选择什么板材

①衣柜、鞋柜、电视柜、餐边柜推荐：柜体用颗粒板，柜门用颗粒板或者欧松板。

②橱柜、浴室柜、家政柜、书柜推荐：柜体用多层板，柜门用颗粒板或者欧松板。

③如果特别潮湿或者没有干湿分离，可以选用全铝材质做。

3. 常见板材的优缺点

基材	优 点	缺 点	用途
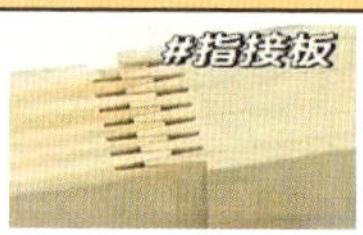	比实木便宜 一般家具都可制作	防潮效果差 容易变形 厨卫别选择	适合做抽屉 柜体、门板
	表面平整 易加工 承重力好	容易变形 握钉力差 不适合做太长柜门	适合做衣柜柜体
	稳定性强 握钉力好 韧性不错	价格比较贵	适合做柜门 柜体

基材	优 点	缺 点	用途
	便宜 材质稳定	边缘易吸水变形 不能做造型	适合做柜门 柜体
	可做造型 平整度好	强度低 防潮性差	适合做柜门 不适合做柜体
	防潮性好 强度高 承重性强	含胶量高 易变形	适合做柜体 不适合做柜门

表 6-7　基本板材优缺点及用途

4. 常见板材的价格

名称	品牌	产地	规格（m）	单位	价格区间（元）
生态板	福湘、福庆	国产	2.44×1.22	张	230
	(木工用板）	国产	2.44×1.22	张	200~270
	鹏鸿、腾飞	国产	2.44×1.22	张	230
	百强、雪宝	国产	2.44×1.22	张	230
	伟业、莫干山	国产	2.44×1.22	张	230
	大王椰、万象	国产	2.44×1.22	张	230
	金秋	国产	2.44×1.22	张	220
香杉木、南方（硬度高）杨木(多用在北方，硬度高）、马六甲(多用在东南亚，木质软）、松木（适中）,生态板做柜门都易变形					
颗粒板（刨花板）	爱格、可丽芙	奥地利，意大利	2.8×2	张	420~780

名称	品牌	产地	规格(m)	单位	价格区间(元)
颗粒板(刨花板)	(刨花板)	总部瑞士，西班牙	2.8×2	张	400~450
	福湘、福人、大亚	国产	2.44×1.22	张	140
	水性科天、华洲	国产	2.44×1.22	张	145
	千年舟、红棉花	国产	2.44×1.22	张	145
	莫干山	国产	2.44×1.22	张	150
优点：稳定性好，不易变形，价格低；缺点：木材一般，吸水率高，不建议用在厨房、卫生间、阳台做柜子					
微醛板净醛板无甲醛添加板	禾香板	国产	2.44×1.22	张	170
	净醛板	国产	2.44×1.22	张	200~260
	无甲醛添加板	国产	2.44×1.22	张	170
	欧松无醛板	国产	2.44×1.22	张	170
只要是用MDI胶的都可以称为微醛板，净醛板和无甲醛添加板材环保等级高					
欧松板(OSB板)	博纳克、LP欧松	巴西	2.44×1.22	张	220
	宁丰、鲁丽、华盛新	国产	2.44×1.22	张	180
	丰源、康欣、新威林	国产	2.44×1.22	张	180
	德科、千年舟、莫于山	国产	2.44×1.22	张	180
	奥斯柏恩、打底素板	国产	2.44×1.22	张	素板 130左右
物理性超强，不易变形，价位适中，可做柜体、柜门，防水性较好，比较推荐					
	福湘、大亚、兔宝宝	国产	2.44×1.22	张	180~200
	千山、水性科天	国产	2.44×1.22	张	180~200
	莫干山、千年舟	国产	2.44×1.22	张	180~200

<table>
<tr><th>名称</th><th>品牌</th><th>产地</th><th>规格（m）</th><th>单位</th><th>价格区间（元）</th></tr>
<tr><td colspan="6">优点：承重性好，原材料好，防潮性好；缺点：稳定性差，环保中等，不建议做衣柜门，易变形</td></tr>
<tr><td></td><td>滋林、绿洲</td><td colspan="3" rowspan="3">主要做柜门，密度和厚度不同，价格不等</td><td>60~150</td></tr>
<tr><td></td><td>万华、丽人</td><td>60~150</td></tr>
<tr><td></td><td>宁丰、吉象</td><td>60~150</td></tr>
<tr><td colspan="6">优点；可以雕刻，做造型家具；缺点；用胶量大，环保弱，不建议卧室使用</td></tr>
<tr><td></td><td>免漆指接板</td><td colspan="3">材料主要是松木和橡胶木等，松木不能做柜门易变性，好一些的橡胶木可以做柜门柜体</td><td>300</td></tr>
<tr><td>指接板
直拼板</td><td>原木指接板</td><td colspan="3">表面直接做漆或木蜡油，只是拼接方式不同，直拼 板更美观，厚度为1.5cm~3.5cm
指接木材：松木、杨木、柏木、桦木，橡胶木等 直拼板木材：松木、桦木，樱桃、红橡、白橡等</td><td>价格根据树种来定，差别很大，主要是家具厂用</td></tr>
</table>

表 6-8　常见板材的产地、规格

小结

按照以上标准购买全屋定制的板材即可。

第74问 洗手盆怎么买?

要点分类	要点内容
看板材	一般建议选择多层板，如果没做干湿分离建议选全铝
台盆	不推荐岩板一体盆，不推荐台上盆，因为藏污纳垢不好清理；推荐陶瓷一体盆
柜体	三面是墙、柜子尺寸固定的不要买成品柜；想要性价比高就自己买盆，做全屋定制的时候厂家一起做柜体
柜脚	不建议选择落地式的，要做悬挂式的，注意要提前做好墙排下水
镜柜	推荐做镜柜，东西好收纳，不做镜子；做智能镜柜要记得提前预埋电线
铰链、滑轨	选 304不锈钢、带阻尼，建议选择大品牌，如海蒂诗、百隆、动态
龙头	不选固定龙头，要选择可抽拉的龙头
尺寸	台盆深度不小于 20cm；镜柜距台盆高度不小于 35cm；镜柜深度13cm以内
增项	不要只看标价，往往只标地柜的价格，镜柜、台盆、龙头、角阀、下水管、安装、运输这些都没有算进去
注意事项	抽屉、柜门会不会被门套挡住了打不开；玻璃胶用好的防霉玻璃胶

表 6-9　购买洗手盆的标准要求

小结

按照以上标准购买洗手盆即可。

第75问　入户门怎么买?

要点分类	要点内容	图例
级别	有甲、乙、丙三个级别，要选择甲级门，侧边有甲级标	
厚度	厚度要不低于 9cm	
锁芯	锁芯分 A、B、C三级，要选择 C级锁芯	
猫眼	不要选带猫眼的，可以买智能门锁带摄像头的	
内部填充	不要选蜂窝纸，选环保岩棉、聚氨酯发泡，保温好	
铰链	选择 304不锈钢的，不要选合页裹着油漆的，选防撬合页	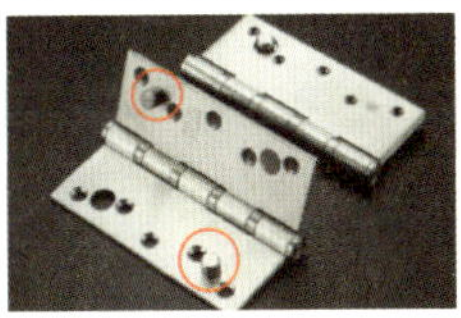
品牌推荐	王力、步阳、盼盼、美心、龙甲、挺固星月神、神将、TATA	
价格	一般选 2500元 ~4000元的，性价比高	

要点分类	要点内容	图例
注意事项	①最好让服务商上门测量 ②在水泥沙子瓷砖进场后，瓷砖铺贴前安装 ③地面和门框的高低问题要确定好，不然门打不开 ④改外开要与物业沟通确认好再改 ⑤开发商配的防盗门不一定要换 ⑥子母门方向不要做错了	

表6-10　购买入户门要点

小结

按照以上标准购买入户门即可。

第76问　木门怎么买?

要点分类	要点内容	
材质	一般分为原木门、实木复合门、免漆生态门 原木门高级、环保但是价格贵，预算低于8000元的不要考虑 一般家庭选择实木复合门，稳定性强、性价比高，一般1000元~2000元以内就可以买到 不推荐购买生态门，多数是蜂窝纸和密度板做的，不结实、不环保、隔音差	
门厚度	选择4.5cm以上的，隔音保温更好，不容易变形	
门框封闭	门上方和下方也需要进行封闭，不封闭的话会大量释放甲醛	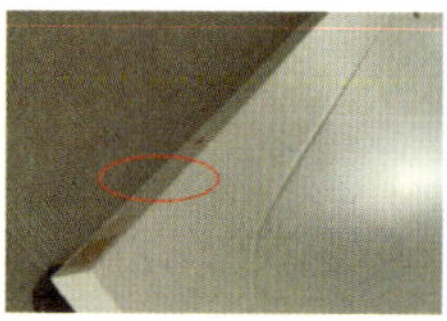

要点分类	要点内容
门套	门套的材质要跟木门的材质保持一致
门锁、合页	门锁、合页是否包含在木门里面 要选择静音磁吸门锁 合页选择字母合页，安装三个
烤漆门	问清楚用的是什么品牌的油漆，大品牌和杂牌的油漆质量差距很大
推荐	预算在 4000元以内买梦天惊鸿系列 预算在 2000元 ~3000元选盼盼和 TATA 预算在 1500元以下找本地厂家 知名品牌：梦天、TATA、盼盼、美心、尚品本色等

表 6-11　购买木门要点

小 结

按照以上标准购买木门即可。

第77问　木地板怎么买?

1、木地板的分类

地板种类	图示
纯实木地板 优点：脚感舒适，环保，效果好 缺点：价格高，不耐磨，易变形，需要定期保养 价格：300元 ~800元 /㎡	

地板种类	图示
纯三层地板 优点：环保较高，效果较好，稳定性较好 缺点：价格略高，假三层现象多，注意区分 价格：250元 ~450元 /㎡	
实木多层地板 优点：稳定性好，价格适中 缺点：环保一般，效果一般 价格：200元 ~400元 /㎡	
强化复合地板 优点：价格便宜，耐磨耐刮，易清洁 缺点：脚感一般，环保较差 价格：60元 ~130元 /㎡	
石塑地板 优点：价格便宜，防潮性好，环保好 缺点：舒适性差，效果差 价格：50元 ~800元 /㎡	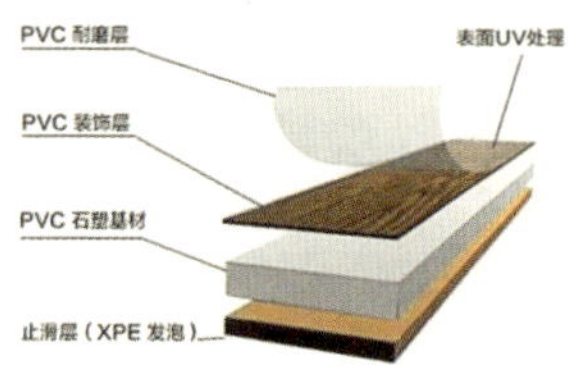

表 6-12　木地板的种类及优缺点

2、品牌推荐

圣象、大自然、菲林格尔、安信、贝尔、德尔、书香门地、世友、生活家等。

3、购买建议

①高端装修、豪华装修推荐使用纯实木地板。

②中端装修、中高端装修推荐使用纯三层地板。

③一般装修推荐使用实木多层地板。

④不推荐使用强化复合地板。

⑤办公室等公用场所推荐使用石塑地板，家庭装修不推荐使用。

小 结

按照以上标准购买木地板即可。

第78问　射灯怎么买?

推荐品牌：雷士、西顿、简顿、霍尼韦尔、Lipro、博曼、易来繁简、至御（可团购）。

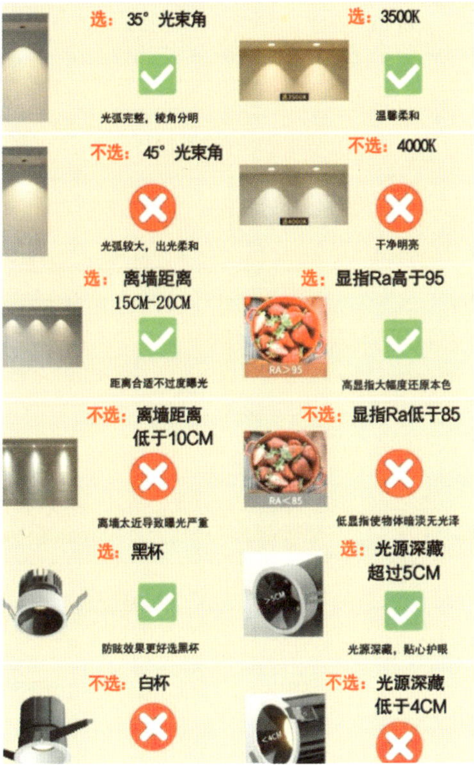

图 6-1　购买射灯要点

小 结

按照以上标准购买射灯即可。

第79问 封窗户怎么买?

<table>
<tr><th>要点分类</th><th colspan="2">要点内容</th></tr>
<tr><td rowspan="4">窗户类型</td><td>铝合金门窗：单价低、强度高、外观好看；导热快，保温隔热性差</td><td>小窗户、推拉窗可用</td></tr>
<tr><td>塑钢门窗：单价低、保温隔热性能好；强度、抗老化性差、外观次于铝合金</td><td>不推荐</td></tr>
<tr><td>断桥铝门窗：强度高、外观好看、保温隔热性能好</td><td>推荐性价比高</td></tr>
<tr><td>系统窗：隔音密封性好；价格很高</td><td>不差钱可用</td></tr>
<tr><td rowspan="2">开启方式</td><td>推拉窗：价格便宜，不算开窗费；通风面积大；不占空间；密封、隔音效果差</td><td rowspan="2">根据自身喜好和具体情况选择</td></tr>
<tr><td>平开窗：密封性能好，通风差；向内平开占空间会磕碰</td></tr>
<tr><td rowspan="2">窗框</td><td colspan="2">70mm、80mm、90mm、110mm、120mm等系列，一般 10楼以下选择 80mm左右，10楼以上选 90mm以上，纱窗一体也要 90mm以上</td></tr>
<tr><td colspan="2">1.4mm、1.6mm、1.8mm、2.0mm为壁厚，一般 10楼以下选 1.4mm，10楼以上选 1.8mm或者 2.0mm</td></tr>
<tr><td rowspan="3">玻璃</td><td colspan="2">一般选择 5mm+20mm+5mm的双层中空玻璃</td></tr>
<tr><td colspan="2">特别吵的地方选择单面夹胶中空玻璃</td></tr>
<tr><td colspan="2">落地大玻璃、low-e玻璃、超白玻璃都需要单独收费</td></tr>
</table>

要点分类	要点内容
纱窗	金刚网：不易坏、防盗，通风和透光差
	高透网：通风、透光好，拆卸方便，价格高
	抽拉网：有个纱窗盒凸出来，不好看，五金容易坏
合页	选大品牌：好博、诺托、希美克、格屋、东城
容易加钱项目	1.落地大玻璃加厚 2.吊装费 3.转角立柱 4.low-e玻璃、超白玻璃、灰玻

表 6-13　购买窗户要点

小结

按照以上标准购买窗户即可，建议找本地工厂，性价比更高。

第80问　踢脚线怎么买？

1. 怎么选踢脚线材质

市场上的踢脚线主流材质有瓷砖踢脚线、实木踢脚线、铝合金踢脚线、密度板踢脚线。

①瓷砖踢脚线：缝隙多不够美观，贴完厚度较厚容易藏灰，不推荐使用。

②密度板踢脚线：多在木地板配套中使用，容易变形、受潮，甲醛较多，不推荐使用。

③实木踢脚线：材质更加高级，可以与门套做成一样的颜色，整体性更强、更美观，推荐使用。

④铝合金踢脚线：防水、防潮，厚度薄、强度高，更加简约时尚，特别适合现代风、简约风、极简风、轻奢风等风格，推荐使用。

2. 踢脚线价格

实木踢脚线一般一米在25元~30元左右（包安装的价格），也要看具体用的什么木头，常见的好一点的可以选番龙眼，差的会用桉木。

铝合金踢脚线一般一米在20元~25元左右（包安装的价格）。

3. 踢脚线的坑

①不建议选用嵌入式踢脚线，造价高、对墙体破坏大，不是极简风不要选。

②不要选用带灯的踢脚线，灯光搭配难度很大，容易翻车。

③踢脚线处刮腻子要用靠尺靠平，尽量不要打玻璃胶。

小结

按照以上标准购买踢脚线材质即可。

第81问　铝扣板怎么买？

图示	选	图示	不选
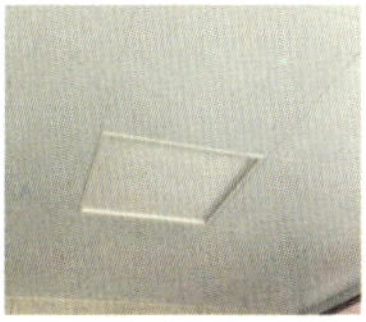	纯色		花纹
	哑光		亮光
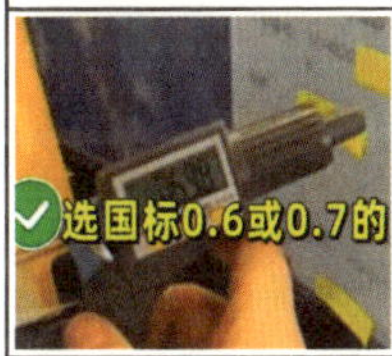	0.6mm以上	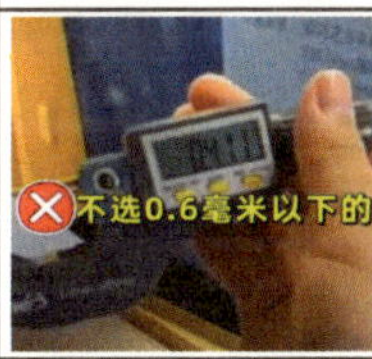	0.6mm以下
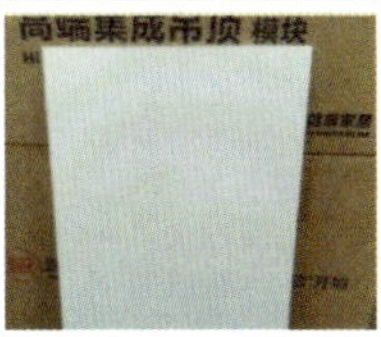	烤漆	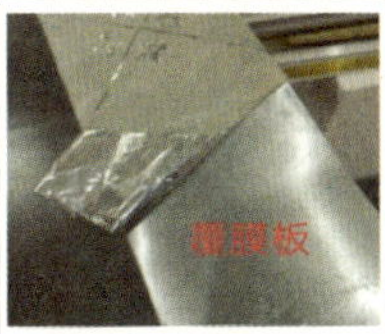	覆膜
	窄边框		宽边框

表 6-14　购买铝扣板要点

小结

按照以上标准购买铝扣板即可。

第82问 美缝剂怎么买?

要点分类	优点	缺点
普通美缝 树脂与固化剂混合，产生亮面塑料质感的效果	施工简单、价格便宜、易修补	色板少、塑料质感、浅色易变黄
普通聚脲美缝 天冬聚脲、异氰酸酯混合，产生亮面质感的效果	耐黄变、霉变、易清洁、可机器调色	价格高、施工难、难修补
聚脲彩砂 天冬聚脲、异氰酸酯、玻璃微珠混合，产生亮面质感的效果	半哑光、耐黄变 易清洁、可机器调色	价格高、施工难、难修补
环氧彩砂 树脂、固化剂、石英砂混合，产生哑光磨砂质感的效果	哑光磨砂质感、色差小、平缝	浅色易黄变、施工难、清洁难、价格高
颜色怎么选: 浅色、奶白、白色的亮面砖: 选普通美缝或者聚脲美缝的接近色 灰色、深色、暖色亮面砖: 选普通美缝的接近色 浅色、奶白、白色柔光、哑光砖: 选聚脲彩砂 灰色、深色、暖色柔光、哑光砖: 选环氧彩砂或者聚脲彩砂		
价格: 美缝大约 6元 /米，环氧大约 10元 /米，聚脲大约 12元 /米		
品牌推荐: 东方雨虹、德高、卓高、皇室工匠、三棵树、马贝		

表 6-15　购买美缝剂要点

小结

按照以上标准购买美缝剂即可。

第83问　中央空调怎么买？

推荐	不推荐
格力 star3代	格力雅居系列
理想家 3代	美的酷风
日立 Vam系列	日立 ex-pro,us,ux系列
大金 VRV-n、VRV-r系列	大金 VRV-b系列
海信荣耀家 5G系列	海信其他

表 6-16　中央空调推荐与不推荐品牌

品牌	产品系列	一拖三	一拖四	一拖五	一拖六
大金	VRVB+	2.8万 ~ 2.9万	3.4万 ~ 3.5万	4万 ~ 4.2万	4.8万 ~ 5万
	VRVP+/N+	3.2万 ~ 3.4万	4.1万 ~ 4.3万	4.8万 ~ 5.2万	5.6万 ~ 6万
日立	Expro2	2.5万 ~ 2.7万	3万 ~ 3.2万	3.6万 ~ 3.9万	4.3万 ~ 4.5万
	VAM mini	2.8万 ~ 3万	3.4万 ~ 3.7万	4万 ~4.2万	4.8万 ~ 5.2万
	VAM尊睿	3.1万 ~ 3.4万	3.6万 ~ 4万	4.5万 ~ 4.8万	5.5万 ~ 5.8万

品牌	产品系列	一拖三	一拖四	一拖五	一拖六
格力	雅居	1.8万～2万	2.3万～2.4万	2.9万～3.1万	3.4万～3.6万
	star3	2.1万～2.3万	2.7万～2.8万	3.3万～3.4万	4万～4.2万
美的	玲珑家	1.7万～1.8万	2.1万～2.2万	2.5万～2.6万	3万～3.2万
	理想家3	2万～2.1万	2.4万～2.5万	2.8万～3万	3.5万～3.6万
	领航者2	2.1万～2.2万	2.5万～2.7万	3万～3.2万	3.7万～3.8万
三菱电机	菱耀	2.8万～3万	3.6万～3.8万	4.3万～4.6万	5.2万～5.6万
	菱睿	3万～3.2万	4.2万～4.5万	4.9万～5.2万	5.8万～6.1万
三菱重工	kxd	2.5万～2.7万	3万～3.2万	3.6万～3.8万	4.3万～4.5万
	kxb	2.8万～3万	3.5万～3.7万	4.2万～4.5万	5万～5.2万
东芝	mini国产	2.1万～2.3万	2.9万～3.1万	3.5万～3.7万	4.2万～4.5万
	mini进口	2.9万～3.1万	3.8万～4.2万	4.8万～5.2万	6万～6.5万

表6-17　2023年10月主流中央空调市场价行情表

小结

按照以上标准购买中央空调即可。

第34问 风管机怎么买?

品牌	海尔	美的		格力	日立
简称	云璟 PRO	梦想家 PRO	星睿	K+	9Q
具体型号	KFR-72T2W/B3DN1-MXP(1)	KFR-72T2W/B3DN1-MXP(1)	KFR-72T2W/B3N1-XR(1) I	FGR7.2Pd/KNh-N1(l)	72FN9Q
功能配置	三菱电机压缩机(50.72)标配 WiFi浮子开关 56度高温消毒内外机自清洁全直流无刷电机 APP滤网清洁提醒 34HZ高频启动	空气梦想家Pro风管机:全直流变频一级能效、标配 485接口、美的巴氏高温除菌、水位预警装置、睡眠曲线功能、标配智能 WiFi线控器、0.5℃舒适调温	冷媒环技术,32-55度宽幅运行;第四代自清洁;反转除尘、WIFI控制,ECO模式	温湿修正技术;体积更加小巧,新一级能效,客选配除甲醛、PM2.5模块,最大支持 8.5KW	纤薄机身;20S即冷,全直流变频压缩机,精准控温。日立专利自清洁。APP控制
APF	4.16	4.15	4.05	4.12	3.5
质保	10年	6年	6年	6年	3年
内机	21.5kg	26kg	26kg	21.5kg	25.5kg
外机	38kg	43kg	43kg	44kg	43.5kg

品牌	海尔	美的		格力	日立
循环风量	$1100m^3$	$1200m^3$	$1200m^3$	$1200m^3$	不详
延长保修	延长 2年保修 300元				
套餐包含	安装人工，标配 8米铜管 3个开孔，不含内机电源线；不收高空作业费				
控制方式	遥控 +WIFI	WIFI线控	WIFI线控	线控	线控 +WIFI
超额辅材	铜管每米 120元，开孔每个 50元，加长风口每米 100元，（美的、海尔）线控器开槽埋线每米 20元，支架、接水盘另外计算，实用实收。				
备注	行业顶配	和乐享 3功能配置、参数、重量、尺寸完全一样	美的酷风最新款	格力 2023年最新款	合资品质
如有勘误以实际为准					

图表 6–18　线下连锁渠道主销风管机一览

备注：1. 不同品牌在压缩机、辅助功能有较大差异。2. 一般而言，APF 值越高越省电。

小结

按照以上标准购买风管机即可。

第七章

大家电选购篇

第85问 冰箱怎么买?

要点分类	要点内容
选双、多循环 不选单循环	单循环冰箱温度控制不精准，压缩机频繁启动噪声大、耗电、容易串味。双循环冰箱、多循环独立控温互不影响，噪声小，更省电、不易串味
选变频 不选定频	变频冰箱会根据对冷量的需求随时调节压缩机转速，运行平稳，不用频繁启停机，能耗低，噪声低，静音效果好
选一级能耗 不选二三级	建议选择一级能效，能效高，耗电量小，更省电，但是价格偏高
选大容量 不选小容量	根据家里人的多少来进行选择，建议选择 400L以上的
选十字门 不选对开门	对开门：耗能高，容易造成串味 十字门：节能效果好，能满足不同食材的储存需求，防止食物串味
选金属面板 不选玻璃面板	金属面板耐磕碰、耐指纹，易清洁、好打理，比较美观，价格会贵一些；玻璃面板则正好相反
选风冷、混冷 不选直冷	风冷价格适中，不结霜，制冷快，温度均匀；混冷制冷保鲜效果好，但是价格偏贵
冰箱推荐	品牌：海尔、美菱、容声、卡萨帝、西门子 3000元~4500元：海尔 BCD410WLHFD7DSMU1、容声 BCD-513WD12FPA 4500元~6500元：容声 BCD-505WD1FPQ、海尔 BCD-621WLHSS95W9U1、西门子 KC502081EC 6500元以上：容声 BCD-509WD2FPQLA、卡萨帝 BCD-635WVPAU1、海尔 BCD623WLHSS19S8U1

表 7-1 购买冰箱要点

小结

按照以上标准购买冰箱即可。

第86问 电视机怎么买?

1. 电视机的尺寸

根据距离具体选择，建议选择大一些的尺寸。

2. 分辨率

2K、4K、8K 分辨率越高，图像越清晰，画质越好。

3. 刷新率

60HZ、120HZ 刷新率越高，画面越流畅。

4. 色域

RGB/NTSC/DCI-P3，色域越高，覆盖率越高，色彩也就越丰富，画质越细腻。

5. 屏幕

LCD 是主流产品，就是平时说的液晶电视。

QLED 只是在 LCD 的技术上进行的改进，本质上还是 LCD。

OLED 对比度高，可视角度广，延迟低，显示效果比 LCD 好，是高端电视机的代表。

6. 其他参数

①扬声器：重点关注音响的参数。

②内存：运行内存更重要，关乎流畅度，存储内存尽量大一点。

③接口：至少要 HDM12.0. 4K 以上的建议由 HDN2.1 接口。

④品牌推荐：海信、创维、三星、华为、TCL、索尼、飞利浦。

⑤ 型号推荐：2000 元 ~ 3500 元可选海信 75VIK-R、TCL-T7H、创维 75A23S；3500 元 ~ 6000 元可选海信、75E5K、华为 HD75QINA、创维 75A5D；6000 元以上可选海信、75D7H、三星 85CU800。

小结

按照以上标准购买电视机即可。

第 87 问 洗衣机怎么买?

1. 容量

根据家庭需求选择容量。一般 8 公斤起，人多的选 10 到 12 公斤。

2. 类型

波轮和滚筒。

3. 电机

滚筒以变频电机为主，BLDC 效率高，控制精准，噪声小，寿命长。波轮分为定频和变频两种，优先考虑 DD 直驱电机。

4. 洗涤方式

选除菌洗衣物，杀菌由强到弱的顺序为巴氏杀菌、银离子杀菌、臭氧除菌、高温除菌。

5. 烘干方式

热泵式、冷凝式、热风烘干，建议选择洗烘套装，容量大，烘干效果更好。

6. 洗净比

国家规定洗净比 0.7，波轮的洗净比一般在 0.8~0.9，滚筒的一般在 1.03 以上，高的可以达到 1.2 左右。洗净比越高，衣服洗得越干净。

7. 排水方式

上排水一般是滚筒，不受环境限制。

8. 品牌推荐

海尔、小天鹅、美的、松下、西门子。

9. 型号推荐

2000 元 ~ 3500 元：海尔 EG100MATESL59S、
小天鹅 TG100UTEC、美的 MD100V33WY。

3500 元以上的：海尔 XQG100-BD14376LUI、
小天鹅 TD100RVIC、西门子 WN52A1U24W。

10. 洗烘套装

小天鹅 89+89/87+87、海尔 176+176/386+386。

小 结

按照以上标准购买洗衣机即可。

第 88 问　怎么买洗碗机？

1. 容量

根据需求选择容量，一般可选 13 套、14 套，人多选 16 套。

2. 清洗方式

选择喷淋方式，主流机型使用，性价比高，购买时首选。

3. 水压、水温

水压越大，清洁力越强，通常选择 23000pa 以上的；水温越高，油污分解越快。

4. 烘干技术

选择热风烘干，快速烘干餐具，这是主流烘干方式，干燥效果好，性价比高。

5. 辅助功能

手机控制，更方便。

6. 变频电机

动力足，洗涤效果更好，更静音。

7. 分区洗

餐具少的时候可以选择单层洗，省时节水。

8. 品牌推荐

凯度、海尔、美的、方太、老板、华帝。

9. 型号推荐：

3000 元左右：美的 RX600PRO、凯度 KD150CQ-J6A、华帝 E5。

4000 元左右：海尔 X3000、凯度 KD3DJR-16J3S、西门子 SJ23HB66KC。

6000 元左右：凯度 16J3S、海尔 W30、美的 GX1000S。

小 结

按照以上标准购买洗碗机即可。

第 59 问 抽油烟机和燃气灶怎么买？

1. 选购抽油烟机注意事项

①侧吸和顶吸：侧吸抽油烟机的油烟不过脸，吸烟率高，颜值一般；顶吸抽油烟机的油烟过脸，吸烟效果没有侧吸抽油烟机快，但是

吸得彻底一些。

②风量：至少要每分钟 20 立方以上的，风量越大吸烟效果越好。

③风压：买 400pa 以上，高层 600pa 以上。风压是油烟机往外排烟的动力，风压越大，排烟效果越好。

④噪声：不要超过 65db，越小越好。

⑤油脂分离度大于 90%，越大越好。

⑥选有自动巡航增压的，排烟更顺畅。

⑦附加功能：挥手智能控制、烟灶联动、倒油提醒。

2. 选购燃气灶注意事项

①灶具火力 4.5KW 以上。

②热率大于 63%，更省燃气。

③面板优先选择钢化玻璃面板。

④点火方式选脉冲点火。

⑤燃气灶的定时功能，防干烧功能。

⑥选全进风模式，聚能环保护架，全铜火盖材质。

3. 抽油烟机和燃气灶套装品牌及型号

①品牌推荐：方太、老板、海尔、华帝、万和。

②油烟灶具型号推荐：

3000 元左右：老板 601S 套装、方太 JCD7+HT8BE.S、华帝 i11140 套装。

4000 元左右：老板 28D7S 套装、方太 EMD22T+TH27B、老板 29A8CS 套装。

5000 元以上：方太 P2、方太 Z7T+he01CB。

小结

按照以上标准购买抽油烟机和燃气灶即可。

第98问 烤箱怎么买?

1. 款式选择

台式的占用台面空间，功能相对简单，不建议购买。嵌入式的美观大气不占空间，容量更大，功能也比较齐全。

2. 容量的选择

越大越好，可操作的菜品分量大，温度更均匀。

3. 内胆材质

常见的内胆材质有不锈钢和搪瓷，不锈钢容易氧化发黄，搪瓷材质好清洁，耐高温，环保无毒。

4. 直喷式蒸汽加热

直喷式蒸汽产生速度快，烹饪口感更好。

5. 感温探针功能

选择带有感温探针功能的，控温更精准。

6. 外置水箱容量大于内置水箱容量

外置水箱加水更方便，容量建议选大一点，蒸汽量大，可持续时间长。

7. 操作性

智能化菜单，带有自动菜谱的会比较省心，彩屏操作比较简单。

8. 烤管配置

配有上下后烤管、后风机。

9. 品牌推荐

博士、苏泊尔、凯度、美的、方太、老板、美的。

10. 型号推荐

3000 元左右：老板 CQ972X、凯度 GDPRO、美的 5055。

4000 元 ~ 5000 元：凯度 TDpro 二代、美的 SQ50、老板 CQ962X。

6000 元左右：方太 ZK-ES5.i、凯度 ZDpro 二代、老板 CQ976D。

小结

按照以上标准购买烤箱即可。

第 91 问　怎么买扫地机器人？

1. 吸力

扫地机器人打扫地面灰尘、毛屑的能力、吸力越大，清洁能力越强。1500pa~2500pa 已经可以满足日常清洁需求。

2. 清扫方式

①主刷：滚刷式和吸力式。滚刷式适合清洁地面普通垃圾，但易缠绕毛发；吸力式在防止毛发缠绕上有优势，但清洁力稍逊色。

②边刷：单边刷和双边刷。单边刷归拢垃圾能力差，续航时间久，双边刷的效果反之。

3. 拖地模式

拖地效果由强到弱为：旋转加压拖地、旋转拖地、震动拖地、加压拖地。

4. 水箱

仿生水箱，出水量不好控制，对木地板不好。电动水箱出水量可控。

5. 尘盒

尘盒大小决定多久倒一次垃圾，一般情况下，400ML 可满足基本需求。

6. 导航技术

优选激光导航，视觉导航次之，惯性导航再次之。

7. 避障技术

优选 3D 避障，AI 避障次之，红外避障再次之。

8. 抑菌功能

优选银离子杀菌，电解质杀菌、UV 杀菌次之。

9. 品牌推荐

石头、科沃斯、云鲸、小米。

10. 型号推荐

2000 元 ~ 3000 元：科沃斯 T10、OMINI、石头 T8sPlus- 集尘。

3000 元 ~ 4000 元：科沃斯 X1、OMIN、石头 G10、小精灵 J4。

4000 元 ~ 5000 元：科沃斯 X2、石头 G10。

小 结

按照以上标准购买扫地机器人即可。

第92问 怎么买净水器？

1. 过滤方式

① RO 反渗透净水器：需要通电，核心是 RO 膜（过滤精度 0.0001 微米），过滤出来的水可以直接喝。

②超滤净水器：不用通电（超滤膜过滤精度 0.02 微米）无法过滤

一些重金属和钙镁离子，过滤出来的水要烧开再喝。

2. 额定净水量

不同滤芯可以净水的总量是不一样的，RO 膜的净水量更高。购买时额定净水量越大越好。

3. 废水比

废水比越高，用水越省。

4. 出水速度

最好选 800G 以上的。

5. 品牌推荐

安吉尔、史密斯、霍尼韦尔、美的、海尔、沁园、3M、怡口、小米。

6. 型号推荐

2000 元 ~ 3000 元 :美的澎湃 1200G、沁园——小白鲸、小米双核。

3000 元 ~ 4000 元：沁园 UR-S51276i、安吉尔 E-Tech、霍尼韦尔 URHD1-210。

4000 元以上：3M UW-E50、史密斯 DR1600HF1、怡口 ER0226。

小结

按照以上标准购买净水器即可。

第93问　怎么买投影仪?

1. 光源

常见的光源有灯泡、LED、激光，预算充足的话建议选择三色激光，色彩还原力强，不管是对比度、亮度还是色域都优于其他光源。

2. 投射比

透射比越小，相同投影距离投射出来的画面就越大，空间有限的话选小投射比的投影仪。

3. 亮度、流明

流明越大，投影亮度越大。亮度大了，环境光较强才能有较好的观影体验，白天看得多至少要2000ANSI以上。

4. 分辨率

常见720P、1080P、4K，日常用1080P就行，预算充足的话选4K。

5. 对比度

对比度越高越好，太低的话，暗些的画面会看不清楚。

6. 智能系统

自带系统更方便，建议选购流畅的自带系统的机器。

7. 自动对焦

选择支持自动和手动对焦的。

8. 自动梯形校正

自动梯形校正不限位置、支持侧投，而垂直校正限制使用场景，不便捷。

9. 品牌推荐

索尼、爱普生、明基、极米、宏碁、坚果、小米、夏普、优派。

10. 型号推荐

2000元以下：坚果H6、极米PLAY、极光T1。

2000元~4000元：极米Z6、坚果G9、小米青春版。

4000元以上：明基W1120、爱普生CB-W42、极米H3、爱普生CH-TW5600、索尼VPL-EX。

小结

按照以上标准购买投影仪即可。

第八章

软装选购篇

第94问 怎么买沙发？

要点分类	要点内容
尺寸	深度不低于70cm，如果低于70cm，大腿会悬空感觉不舒服 坐高35cm~45cm，如果超过45cm，小腿会感觉不舒服 靠背高度不低于55cm，如果低于55cm，颈部会没法放松
材质	不推荐科技布，变色、掉皮 不推荐丝绒面料，粘毛发 推荐选择棉麻(不要选显廉价的细棉) 皮沙发要区分头层皮、二层皮、全真皮、半真皮
填充物	选高密度海绵，高于50D，不易变形塌陷 预算充足选高密度海绵和羽绒，使用寿命更长
框架	选实木框架、蛇形弹簧，更结实 绷带款不要买，不结实
腿	预算有限的选择落地款 预算高的选带腿的，高度超过15cm，扫地机器人好进出打扫卫生
封底	用布艺或者伞布，结实耐用 不用无纺布，时间长了会碎
颜色	浅灰色、卡其色不易过时 彩色的容易过时
网店推荐	原木风：源氏木语、林氏木业、北陌家具 复古风：栗子公园、MUU HOME、森下林间 极简风：梵也家具、北欧表情、极简主义 奶油风：凡创佳品、阑珊阁、格纳森乐私家居 新中式：沐里、璞素、梵几、十二时慢 法式：颂舒、安妮世家、NINA家居、物应家居

表8-1 购买沙发要点

小结

按照以上标准购买沙发即可。

第95问 怎么买茶几?

要点分类	要点内容
茶几的尺寸	不超过沙发长度的二分之一，不小于沙发长度的三分之一
	高度比沙发略高，最多跟沙发高度齐平
摆放距离	距离沙发 35cm~40cm，距离电视柜 60cm以上
款式	款式根据整体风格和沙发的造型来选择
	沙发款式方正、稳重可以选择长方形茶几
	小户型可以选择圆形、椭圆、三角形茶几
	选择哑光材质，不选择亮光材质
	客厅空间小可以选择带圆角的、轻薄的、带有细腿的茶几
颜色	空间小选浅色、空间大选深色
	选统一颜色，不选不一致的颜色
	墙顶、地面、沙发都是浅色，选深色的茶几；墙顶、地面、沙发都是深色，选择浅色的茶几
	沙发不深不浅选择原木色

表 8-2 购买茶几要点

小 结

按照以上标准购买茶几即可。

第 96 问 怎么买餐桌?

要点分类	要点内容
餐桌尺寸和预留空间	长方形：4人桌长 1.4m~1.6m，长 0.8m，加上椅子大约需要 1.6m×2.2m 长方形：6人桌长 1.8m~2.0m，长 0.9m，加上椅子大约需要 3m×2.2m 圆桌：6人 ~ 8人直径 1.2m~1.4m，加上椅子大约需要 3m×3m 圆桌:8人 ~ 10人直径 1.4m~1.6m, 加上椅子大约需要 3.5m×3.5m
材质	木质餐桌：质感温润、触感光滑，怕磨怕滑，浅色的适合奶油风、原木风、轻法式，深颜色适合意式极简、现代极简 岩板餐桌：防污耐磨、不易渗透，要防止尖锐物体的撞击 天然大理石：纹理自然，耐碱不耐酸，怕油污需及时清洁，适合大户型 奢石餐桌：质感丰富、外观奢华、纹理独一无二，大户型标配
餐桌椅搭配	轻重搭配：粗腿桌选细腿椅，细腿桌选粗腿椅 同色搭配：暖色桌搭暖色椅

表 8-3　购买餐桌要点

小 结

按照以上标准购买餐桌即可。

第97问 床怎么买?

图示	买	图示	不买
	高架床		矮脚床
	排骨架		平板床
	实木床		铁艺床
	齐边床		凸边床

图示	买	图示	不买
	头层皮		二层皮、仿皮

表 8-4　购买床要点

小结

按照以上标准购买床即可。

第98问　怎么买床垫?

图示	买	图示	不买
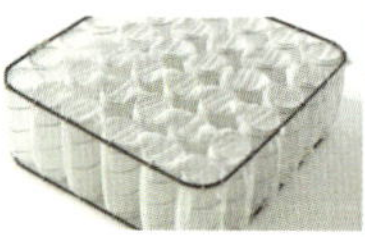	独立袋装弹簧		整装弹簧
	整张发货		卷包发货
	环保工艺		胶水黏合

图示	买	图示	不买
	三区弹簧		多区弹簧
	2cm~5cm乳胶含量大于 85%		小于 2cm，低密度乳胶
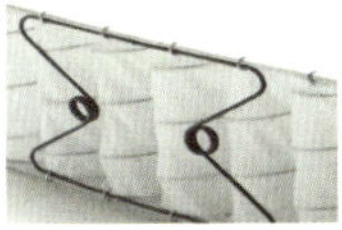	边缘有支撑	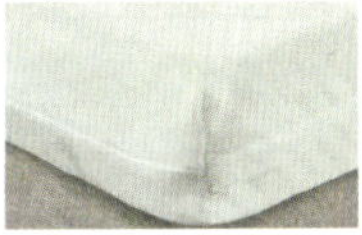	边缘无支撑
	2000元 ~ 8000元		低于 2000元，高于 8000元
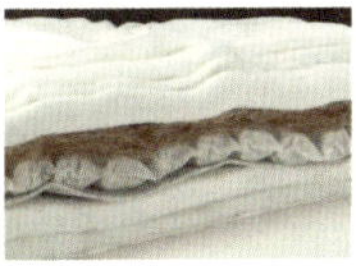	天然面料		化纤面料

表 8-5　购买床垫要点

床垫推荐

①喜临门白骑士纯享版 2000 多元。

②栖作大师零胶水可拆卸床垫 3000 多元，可团购。

③席梦思新曙光 7000 多元。

小 结

按照以上标准购买床垫即可。

第99问 窗帘怎么买?

要点分类	要点内容
窗帘布料	棉麻：舒适性强，遮光度好，透气性好 绒布：手感细腻，垂顺感优秀，高级感十足 高精密：耐刮耐磨，遮光性好，垂坠感佳 雪尼尔：透气性好，手感柔软，面料厚实
遮光程度	位置不同，需要的遮光度不同 卧室：遮光程度要 70%以上 客厅：一般是 50% 书房：要 30%左右
加工样式	韩褶加工：性价比高，安装简单，耐用性强 四爪加工：价格实惠，根据窗宽随意调整 打孔加工：自动成褶，形状圆润挺括
尺寸测量	落地满墙窗帘：测量墙面的高度和宽度 局部落地窗帘：测量墙面的高度和窗户宽度 局部半腰窗帘：测量窗户的宽度和高度 飘窗：测量所有面的窗户宽度和窗户高度
窗帘褶皱	1.5倍：比较接近平面 1.8倍：褶皱比较明显 2倍：立体感较强
窗帘定型	未定型的窗帘使用后容易变皱，线条歪曲，垂感差 定型后的窗帘垂感好，褶皱平直、线条利落

表 8-6 购买窗帘要点

1. 窗帘能不能网购

可以网购，网购更加便宜，但要注意先买小样进行确认，再下单购买。

2. 网店推荐

布盒子 FBox，三千金旗舰店，Yunmmy home 生艺术家，其中，三千金可参与团购。

小 结

按照以上标准购买窗帘即可。

第100问　怎么买挂画？

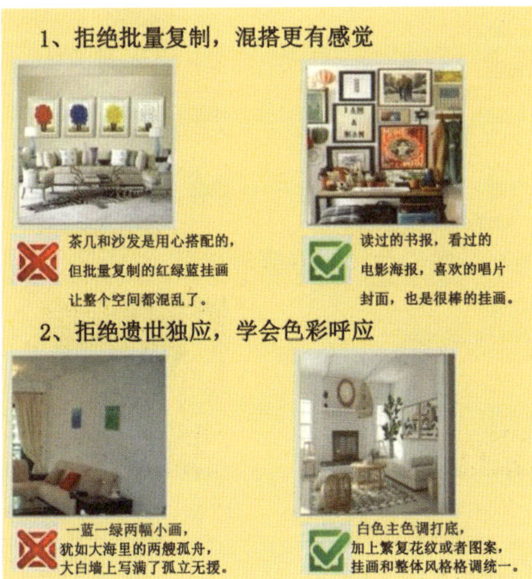

3、拒绝单一画框，不同画框更有层次

批量使用单一画框
会让墙面缺少变化，
如果搭配错误还会变成恐怖片片场。

原木色、黑色、白色三种画框
相互配合，既不突兀也不抢眼，
能很好地融合到空间里。

4、拒绝完全对称，保持视觉平衡

上下左右完全对称，
没有丝毫变化，
给人一种很呆板的感觉。

看似不规则的组合，
实际上存在一个视觉中心，
这才是更灵动的搭配方式。

5、拒绝华丽画框， 选用简洁画框

有人特别想用挂画做焦点，
但经常用力过猛，
欧式画框就是反面教材。

如果你家没有法式宫殿，
请用线条简洁的画框，
凸显挂画的质感。

6、拒绝杂乱无章，打造镇宅挂画

本来就乱的房间
挂了画更乱了，
眼睛都不知道该看哪里了。

设计师程晖设计的阁楼，
在客厅挂了一幅列宁的油画
一进门就被这幅画吸引了。

图 8-1　购买挂画要点

小结

按照以上标准购买挂画即可。